贵州电网有限责任公司科技创新系列丛书

电能计量运维作业技能手册

贵州电网有限责任公司　组编

中国标准出版社

北　京

图书在版编目（CIP）数据

电能计量运维作业技能手册/贵州电网有限责任公司组编.
—北京：中国标准出版社，2018.12
ISBN 978 - 7 - 5066 - 9159 - 8

Ⅰ．①电…　Ⅱ．①贵…　Ⅲ．①电子计量—技术手册
Ⅳ．①TB971 - 62

中国版本图书馆 CIP 数据核字（2018）第 256815 号

中国标准出版社出版发行
北京市朝阳区和平里西街甲 2 号（100029）
北京市西城区三里河北街 16 号（100045）

网址：www.spc.net.cn
总编室：(010) 68533533　发行中心：(010) 51780238
读者服务部：(010) 68523946
中国标准出版社秦皇岛印刷厂印刷
各地新华书店经销

*

开本 787×1092　1/16　印张 12.25　字数 263 千字
2018 年 12 月第一版　2018 年 12 月第一次印刷

*

定价：52.00 元

编委会

前　言

本书主要规范供电企业电能计量机构的工作职责，阐述电能计量装置运行与维护的具体作业事项，从电力系统角度解析电能计量的网络结构，从运维管理角度分析各项职能责任。

本书的编写人员主要是贵州电网有限责任公司地区供电局市场部、生技部、计量中心专业骨干。本书由崔亚华、刘运兵、黄宁钰主编，李太明、尹志强、刘颖、廖华、李太明、尹志强、刘颖、廖华、曹梦娟、刘峰、吴佳清、田维维、成周、李哲、马涛、雷洪顺、姜琦、周江山、潘靖、丁宇洁、龙高翼、黄宁钰、周新、周江山、潘靖、彭毓敏任副主编。

贵州电网有限责任公司科技部设备部及计量中心对本书的编写给予了大力支持，贵州大学电气工程学院也给予了大量帮助，在此一并表示衷心感谢！

由于编者自身理论水平和运行经验所限，书中难免存在不妥或错误之处，恳请读者批评指正。

编　者

2018 年 12 月

目 录

第1章

电能计量运维概述

提示： 本章介绍电能计量机构的工作职责，阐述电能计量装置运行与维护的具体作业事项，从电力系统角度解析电能计量的网络结构，从运维管理角度分析各项职能责任。

第1节　电能计量网络体系

一、电力系统与电能计量

电能作为一种产品，跟其他产品一样有着生产至使用过程的各个环节，发电企业作为电能的生产单位，电网企业承担着电能的传输与分配，客户作为产品的最终消费者。如图1－1所示，可以将发、供、配、用的各环节联合组网，形成强有力的电力系统。

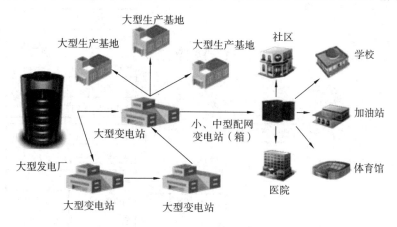

图1－1　电力系统简图

在整个电力系统中，区别于其他产品的是，电能不能大规模地储存，其发电、传输、使用在同一时间完成。由于电能的特殊性，其计量方式只能采用瞬时叠加原理。作为电力系统"发、供、用"的三个环节，它们之间的经济成本、电量销售量、用电量等都需测量并计算出电能的数量的设备，即称之为电能计量装置。

在图1－1中，发电厂向电网企业的变电站输送电能，变电站将电能分配给配网变电站或大型用电企业，再由配网变电站分配给用电群体。在整个过程中，电能计量装置发挥着以下作用：

（1）对发电企业的发电量、供电企业的购电量和售电量、用户群体的用电量取得精准计量。

（2）在发电、用电过程中，为加强经营管理，大力节约能源，考核单位产品出力与消耗，制定电力消耗定额，提高经济效果，计量器具是必备的。

（3）在整个发、供、用过程中，由于电能产品的特殊性，存在两种情况，一是在供大于求时，根据用电需求调整发电量；二是在供小于求时，根据电网输入负荷对用户进行拉闸限电，在此过程中，计量器具也是必备的。

二、电能计量网络结构

整个计量网络由计费计量点和考核计量点组成。计费计量点是指供电企业与电力客户间结算电费的电能计量点，而考核计量点用于供电企业内部经济技术指标分析、考核的电能计量点，包括电网经营企业内部用于考核线损、变损、母线平衡电量、台区损耗等的电能计量点。

通过对计量网络组成结构分类划分，各层级电能计量机构计量组成分布的不同，其管理的对象计量点也不同，由图1-2可见，市地级供电局及县级供电主要承担客户的计量点维护。

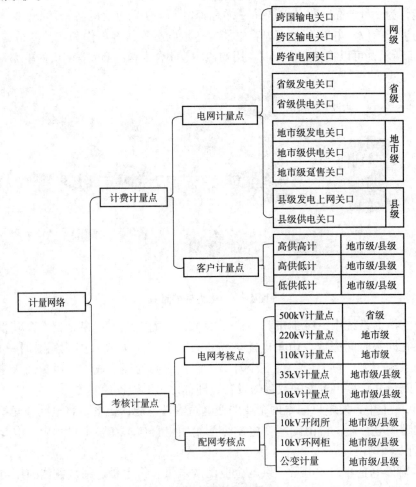

图1-2　计量网络结构图

三、计量网络方式

不论是计费计量点还是考核计量点，其都有自身的功能，在电力系统中计量的网络方式主要有四种，分别是用于母线电量不平衡率考核的计量网络、用于变电站系统主变损耗考核的计量网络、用于线损考核的计量网络和用于台区综合线损考核的计量网络。

母线电量不平衡率考核的计量网络主要是用于电能流入与流出的计算，与运行方式有极大联系，通常按照运行方式分为单母线运行（见图 1-3）、双母线运行（见图 1-4）及双母线带旁路运行。

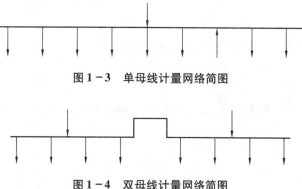

图 1-3　单母线计量网络简图

图 1-4　双母线计量网络简图

变损考核的计量网络主要是电能流入变压器与电能流出变压器之间变压器损耗值的计算，主要是用于变电站。变压器计算网络见图 1-5。

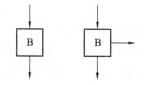

图 1-5　变压器计量网络简图

线损率是考核供电企业经营业绩的关键指标之一，其计量网络的完好程度直接影响线损率的核算，线损考核的计量网络大致分为两种，分别为对点型（见图 1-6）和鱼骨型（见图 1-7）。

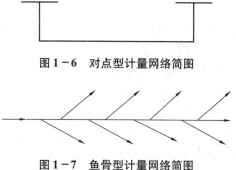

图 1-6　对点型计量网络简图

图 1-7　鱼骨型计量网络简图

第2节　电能计量机构及职责

一、技术管理机构

供电企业应有电能计量技术管理机构，负责本供电营业区内电能计量装置的业务归口管理，并配置电能计量专职人员，处理日常电能计量技术管理工作。

二、技术机构

供电企业电能计量技术机构的基本要求如下：

（1）电能计量技术机构应有满足各项工作需要的场所和设备，并配置满足工作需要的各类电能计量专业技术人员。

（2）电能计量技术机构应配置专职（责）工程师，负责处理疑难计量技术问题、管理维护计量标准器、标准装置和电能计量管理信息系统，开展技术培训等工作。

三、职责

（1）贯彻执行国家计量工作方针、政策、法律法规、行业管理及其上级的有关规定和工作部署。根据工作需要制定并实施本企业电能计量管理制度、技术规范和工作标准。

（2）制定并实施本供电营业区域内电能计量装置和电能信息采集系统的配置、更新与发展规划。

（3）按照国家电能计量检定系统表和本网电能计量标准建设规划，建立、使用和维护电能计量工作标准；建立符合 JJF 1069—2012《法定计量检定机构考核规范》规定的计量技术机构管理体系，负责计量技术机构和计量标准的考核申请工作，并依法取得计量授权。

（4）按照计量授权项目、范围，根据要求开展电能计量器具的检定、校准、试验和其他计量测试等技术性工作。监督检查新购入电能计量器具的质量及运行状况。

（5）参与电力建设工程、发电企业并网、用电业扩工程中有关电能计量点、计量方式的确定，电能计量和电能信息采集方案的设计审定，开展电能计量装置、电能信息采集终端的竣工验收。

（6）负责电能计量装置的安装和现场检验、运行质量检验、更换和维护，以及电能信息采集终端的安装和运行维护管理。

（7）编报电能计量设备和电能信息采集终端的需求或订货计划，参与电能计量器具的选用，开展电能计量器具的验收、检测、入库、存储、配送和接收等工作。

（8）组织电能计量故障、差错和窃电案件的调查与处理，负责本供电营业区内有疑义的电能计量装置的检定/校准、检测和技术处理。

（9）管理和使（领）用电能计量印证。

（10）收集、汇总电能计量技术情报与信息，制定并组织实施电能计量技术改进和新技术推广计划。

（11）负责电能表、互感器和计量标准设备的停用及报废管理。

（12）开展本企业电能计量技术业务培训与经验交流活动。

（13）负责本企业电能计量技术管理方面的统计、分析、总结和评价。

（14）完成其他电能计量工作。

第3节　运维管理体系

一、电能计量运维作业项目

运维作业库是电能计量装置在投运前、投运后整个全生命周期管理过程中所有作业项目的总和。运维作业框架如图1－8所示。

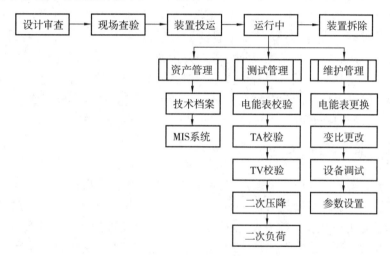

图1－8　运维作业框架

二、运行中电能计量装置的分类

运行中的电能计量装置按计量对象重要程度和管理需要分为五类（Ⅰ类、Ⅱ类、Ⅲ类、Ⅳ类、Ⅴ类）。分类细则及要求如下。

Ⅰ类电能计量装置：220kV及以上贸易结算用电能计量装置、500kV及以上考核用电能计量装置，以及计量单机容量300MW及以上发电机发电量的电能计量装置。

Ⅱ类电能计量装置：110（66）kV～220kV贸易结算用电能计量装置、220kV～560kV考核用电能计量装置，以及计量单机容量100MW～300MW发电机发电量的贸易结算用电能计量装置。

Ⅲ类电能计量装置：10kV～110（66）kV贸易结算用电能计量装置、10kV～220kV考核用电能计量装置，以及计量100MW以下发电机发电量、发电企业厂（站）用电量的电能计量装置。

Ⅳ类电能计量装置：380V～10kV电能计量装置。

V类电能计量装置：220V单相电能计量装置。

三、电能计量装置设计审查

各类电能计量装置的设计方案应经有关的电能计量人员审查通过。电能计量装置设计审查的依据是 Q/CSG 113007—2012《中国南方电网公司电能计量装置典型设计》和 DL/T 448—2016《电能计量装置技术管理规程》用电营业方面的有关管理规定。

设计审查的内容包括计量点、计量方式（电能表与互感器的接线方式、电能表的类别、装设套数）的确定；计量器具型号、规格、准确度等级、制造厂家、互感器二次回路及附件等的选择、电能计量柜（箱）的选用、安装条件的审查等。

四、资产档案

供电企业电能计量技术机构应用计算机建立资产档案，由专人进行资产管理并实现与相关专业的信息共享。资产档案应有可靠的备份和用于长期保存的措施。保存地点应有防尘、防潮、防盐雾、防高温、防火和防盗等措施。资产档案应按资产归属和类别分别建立，并能方便地分类、分型号、分规格等进行查询和统计。资产档案内容应有资产编号、名称、型号、规格、等级、出厂编号、生产厂家、价格、生产日期、验收日期等。资产编号应标注在显要位置。供电企业建立的资产编号宜采用条形码形式。每年应对资产和档案进行一次清点，做到档案与实物相一致。

五、电能计量装置的验收

电能计量装置的安装应严格按通过审查的施工设计或用户业扩工程确定的供电方案进行。安装的电能计量器具必须经有关电力企业的电能计量技术机构检定合格。使用电能计量柜的用户或发、输、变电工程中电能计量装置的安装可由施工单位进行，其他贸易结算用电能计量装置均应由供电企业安装。电能计量装置的安装应执行电力工程安装规程的有关规定和标准的规定。电能计量装置安装完工应填写竣工单，整理有关的原始技术资料，做好验收交接准备。

验收的项目及内容：技术资料、现场核查、验收试验、验收结果的处理。电网经营企业之间贸易结算用电能计量装置和省级电网经营企业与其供电企业的供电关口电能计量装置的验收由当地省级电网经营企业负责组织，以省级电网经营企业的电能计量技术机构为主，当地供电企业配合，涉及发电企业的还应有发电企业电能计量管理人员配合。其他投运后由供电企业管理的电能计量装置应由供电企业电能计量技术机构负责验收。验收的技术资料如下：

（1）电能计量装置计量方式原理接线图，以及一次、二次接线图，以及施工设计图和施工变更资料；

（2）电压、电流互感器安装使用说明书、出厂检验报告、法定计量检定机构的检定证书；

（3）计量柜（箱）的出厂检验报告、说明书；

（4）二次回路导线或电缆的型号、规格及长度；

（5）电压互感器二次回路中的熔断器、接线端子的说明书等；

（6）高压电气设备的接地及绝缘试验报告；

（7）施工过程中需要说明的其他资料。

第 4 节　计量运维管理体系

一、总体思路

按照"建成一片，应用一片，转岗一片"的原则，在智能电表和低压集抄双覆盖基础上，通过构建"二级管理，三级监控，四级运维"电能计量装置运维体系，充实一线运维人员，严把建设验收关、严把能力培训关、严把流程规范关、严把运行监控关，推进"中高压专业化＋低压及客服网格化"模式，推行"设备主人制"管理，稳妥有序开展"以我为主"的低压集抄运维工作，确保低压集抄稳定、可靠、高质运行，夯实营销精益管理基础，全面支撑电网公司（简称"公司"）主营业务应用，降低运营成本，提升管理效益。

二、工作措施

1. 构建电能计量装置运维管理体系

构建电网电能计量装置"二级管理，三级监控，四级运维"的管理体系，以"中高压专业化＋低压及客服网格化"的管理模式，落实电能计量装置现场运维工作。

两级管理体系：省（市场营销部）、地（市场营销部）。负责对电能计量装置系统的监控和运维工作进行管理、评价和考核。

三级监控体系：省（计量中心）、地（计量中心或供电服务中心）、县（供电服务部）。负责对电能计量装置系统的数据和指标进行监控和管理。

四级运维体系（专业化＋网格化）：省（计量中心）、地（供电服务中心）、县（供电服务部）、所（营业班或营配班）。其中，省（计量中心）、地（供电服务中心）、县（供电服务部）组成专业队伍根据管理职责进行中高压专业化运维，所（营业班或营配班）通过分片区负责相关业务（含电能计量装置巡视和简单运维、客服工作），开展网格化管理。

2. 实行"设备主人制"

明确各级管理职责，配对划分设备主人，推进电能计量装置全生命周期管理。

（1）管理职责

公司计量中心负责省级计量自动化系统主站的建设、运行维护；省级电能计量装置运行指标管理和计量自动化系统运维指标管理，运行数据监控，工单闭环管理；监督、指导地市供电局、分县供电局开展计量装置运行维护；开展省级关口的运维。

公司信息中心负责省级计量自动化系统主站与其他系统接口的建设和运行维护，行业卡的管理。

公司电力调度控制中心负责计量自动化系统调度数据网通道的运行维护。

地市供电局负责本单位电能计量装置专业运维、运行指标管理和计量自动化系统运维指标管理，以及运行数据监控、工单闭环管理，监督、指导县（区）供电企业开展计量装置运行维护。

分县供电局负责本单位电能计量装置专业运维，开展投运前管理、故障处理及分析等工作，以及电能计量装置各项指标的监控和工单闭环管理。

供电所负责辖区内电能计量装置网格化运维工作，进行巡视及简单的维护，对自动抄表不成功的数据进行处理。

（2）设备主人

为确保每台电能计量装置都有专人管理运行维护，切实掌握设备的健康状况，及时发现设备缺陷、隐患，提高设备管理水平，保障安全、可靠、经济运行，开展"设备主人制"管理。

设备主要由公司计量中心负责，出台《公司电能计量装置运维主人制管理细则》，并整合《公司电能计量装置运行管理实施细则》，明确具体的管理内容和方法，指导"设备主人制"工作的开展。其中，公司计量中心负责明确计量自动化系统主站的设备主人；公司信息中心负责明确通信设备主人。

各地市供电局负责，结合实际，合理、科学进行设备与人员的配对，划分设备主人。各地市局、分县局负责明确终端的设备主人，提前实现抄表员等一线人员的角色转变，增强责任心和提高主动性，明确主人既是项目的建设管理者、验收参与者，也是低压集抄运维者，参与低压集抄全过程管理，达到充实一线运维人员的目的。

把相关管理架构和设备主人固化入计量自动化系统中。

3. 抓好投运前管理，严把建设验收关

低压集抄项目的建设质量是开展运维的重要基础，各级供电局要严格按照《南方电网公司低压集抄工程验收规范》要求，在开展项目竣工验收前，必须按台区开展单元验收。重点关注单元验收中的数据验收环节，严格执行台区数据验收标准（验收前10天内自动抄表率至少有一天达到100%，且有连续3天不低于98%）。低压集抄新装或改造完成后，各供电所必须对装置档案资料进行现场核查，并及时在营销系统归档。

4. 强化现场化实训，严把能力培训关

公司人资部、市场部负责，计量中心配合，根据分县供电局实际需求明确县级低压集抄实训室建设工作计划，并落实资金，在5月底前按照南网公司《低压集抄实训室建设标准》完成公司所有分县局的低压集抄实训室建设。

各地市供电局人资部负责，以"边建边培""低压集抄示范台区""实训装置培训""网络培训"等方式，多样化、实用化结合实际自身开展相关培训工作，落实"必学、必考、必训"的要求，做好培训和考评记录，纳入各单位绩效管理。

通过参与项目建设、开展装置实训后，低压集抄终端的设备主人对所管辖的设备要做到"五个熟悉"：熟悉设备厂家、技术资料、参数、数量等基本信息；熟悉设备安装工艺和基本的技术原则；熟悉设备简单故障的判断与处理；熟悉设备运行情况；熟悉营销管理系统、计量自动化系统相关模块的应用。

5. 加强异常工单管理，严把运行监控、流程规范关

细化、落实网公司低压集抄自主运维作业规范。认真执行南方电网公司《关于推进低压集抄自主运维的指导意见》，同步开展已建成低压集抄设备的运行监控、故障排查、设备装拆等业务事项工作，确保低压集抄自动抄表率达95%以上。

公司计量中心结合实际，细化《低压集抄自主运维作业指导书（试行）》《低压集抄技术方案及其典型故障排除方法》《低压集抄实训室建设标准（试行）》等规范。

强化各级低压集抄运维监督职能。公司计量中心负责对各单位低压集抄整体运行情况进行监控。地市供电局、分县供电局充实电能量数据管理人员，负责本单位低压集抄运行情况的监控。

公司计量中心负责指导建立省、地、县三级"日监控、周监督、月通报"工作机制，督促各级运维部门做好运维工作。

地市供电局市场部建立考核评价体系，对本级计量管理部门和所辖各分县局计量装置运维工作进行评价，并纳入本单位绩效管理。

低压集抄终端运维管理手段。以远程监控为主，现场检查为辅。

公司市场部、计量中心负责对营销管理系统和计量自动化系统进行完善，确保运维作业线上运行。

工单的发起：三级监控人员开展低压集抄终端日常状态在线监控，发现异常及时派发异常工单，以"自动工单为主，手动工单为辅"，通过计量自动化系统实现工单闭环管理。自动工单管理主要为缺陷工单，系统自动生成并派发给地、县、所低压集抄运维部门和人员，消缺完毕后由系统自动闭环；手动工单管理主要为管理工单，由省、地两级进行派发，省、地、县三级负责监控和督促完成。

供电所网格化运维人员：结合日常工作开展对低压集抄终端巡视，发现缺陷以手动工单发起并闭环处理。

工单的处理：按照《中国南方电网有限责任公司电能计量装置运行管理办法》《关于推进低压集抄自主运维的指导意见》等办法、文件的要求，按时限完成异常工单的处理工作。

档案、参数配置类工单：处理人员核对计量自动化系统及营销系统的低压用户及电能表档案信息，确认台区户变关系、计量与营销系统电能表档案一致性、计量系统主站与集中器电能表档案的一致性；需现场排查档案的，现场处理后再将处理情况录入工单。

现场装置类工单：低压集抄运维班组根据故障点分析结果，对现场集中器、采集器、SIM卡、485通信线、电能表5个部分的设备进行初步排查、分析处理，并按作业指导书要求完成现场处置，再将处理情况录入工单。

积极、稳妥、有序推进低压集抄自主运维模式。各地市局、分县局要以供电所为单位，积极稳妥推进低压集抄自主运维。供电所低压集抄全覆盖且连续3个月自动抄表率不低于97%，方可推行自主运维。

根据各地市局低压集抄项目计划及建设投产情况，确定公司低压集抄自主运维试点单位，完成试点工作，公司市场部、计量中心组织现场会总结经验并开展推广。

进一步加强低压集抄运维的安全管理。现场运维人员要严格遵守安全相关规程规定，开展作业现场风险分析与管控，抓好"人身触电与伤害、机械伤害、高空坠落、设备损害"等主要风险点的防范措施，安监部门加大运维现场安全检查和管理督查力度，确保低压集抄运维人员及设备安全。

第 2 章

电能计量装置

提示：本章主要介绍电能计量装置的组成，阐述计量方式在供电方式中的应用，并介绍各种计量方式的配置、技术等方面内容；核心是各种负控装置及专变采集与电能表之间的采集原理，以及设置方法和故障判断。

第 1 节 供电与计量方式

一、供电与计量

供电方式是指向用户提供的电源特性和类型。包括电源的频率、额定电压、电源相数和电源容量等。

按常用的供电方式分类分为高压供电和低压供电，如图 2－1 所示。

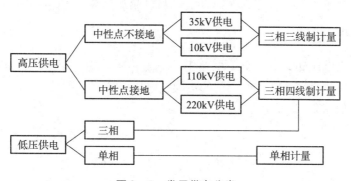

图 2－1 常用供电分类

根据用户用电申请的容量、用电性质和用电地点，供电部门以保证安全、经济、合理的要求出发，以国家有关电力建设，合理用电等方面的政策，电网发展规划及当地可能的供电条件为依据。

二、计量方式

电能计量方式分为高压供电－高压侧计量、高压供电－低压侧计量和低压供电－低压计量三种，分述如下：

高压供电－高压侧计量（简称高供高计）是指我国城乡普遍使用的国家电压标准 10kV 及以上的高压供电系统，须经高压电压互感器（PT）、高压电流互感器（CT）计时。电表额定电压为 $3 \times 100V$（三相三线二元件）或 $3 \times 57.7/100V$（三相四线三元件），额定电流为 1（2）、1.5（6）、3（6）A。计算用电量须乘高压 PT、CT 倍率。10kV/315kV·A 受电变压器及以上的大用户为高供高计。

高压供电 – 低压侧计量（简称高供低计）是指 35kV、10kV 及以上供电系统。有专用配电变压器的大用户，须经低压电流互感器（CT）计量。电表额定电压为 $3 \times 380V$（三相三线二元件）或 $3 \times 380V/220V$（三相四线三元件）。额定电流为 1.5（6）A、3（6）A、2.5（10）A。计算用电量须乘以低压 CT 倍率。10kV/315kV·A 受电变压器及以下为高供低计。

低压供电 – 低压计量（简称低供低计）是指城乡普遍使用，经 10kV 公用配电变压器供电用户。电表额定电压为单相 220V（居民用电），$3 \times 380V/220V$（居民小区及中小动力和较大照明用电），额定电流为 5（20）A、5（30）A、10（40）A、15（60）A、20（80）A 和 30（100）A 用电量直接从电表内读出。10kV/100kV·A 受电变压器及以下为低供低计。低压三相四线制计量方式中，也可以用 3 只单相电表来计量，用电量是 3 只单相电表之和。

第2节　电能计量装置组成

电能计量装置为计量电能所必须的计量器具和辅助设备的总体，它由电能表、负荷管理终端、配变监测计量终端、集中抄表数据采集终端、集中抄表集中器、计量柜（计量表箱）、电压互感器、电流互感器、试验接线盒及其二次回路等组成。

一、电压互感器

为了测量高电压和大电流交流电路中的电量，通常用电压互感器和电流互感器的变比关系来进行测量。按照生产工艺的不同，电压互感器大致分为干式、浇注绝缘式、油浸式三类，如图 2 – 2 所示。

电压互感器 $\begin{cases} \text{干式，用于10kV及以下室内配电装置中} \\ \text{浇注绝缘式，变电站3kV～35kV户内使用} \\ \text{油浸式，用于10kV及以上场合} \end{cases}$

图 2–2　电压互感器分类

电压互感器在使用的过程中，其最主要的功能是将电网中的高电压转变成供计量仪表和继电器等二次设备使用的低电压，将一次设备与二次设备之间有效隔离，以便维修。同时规定了电压互感器的二次侧规定为 100V。在运行过程中，可以通过电压互感器改变接线方案。

电压互感器容量很小，而且相当恒定。相当于小容量的降压变压器。在正常运行时，电压互感器几乎是处在空载运行的状态下。电压互感器的变比并不等于匝数比。电压互感器使用硅钢材料作为铁心，限制磁化电流，电压互感器工作原理见图 2–3。

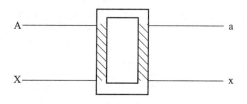

图2-3　电压互感器工作原理

电压互感器的基本结构是由一次绕组、二次绕组和铁心构成。有的二次绕组除主绕组外，还有附加绕组。一次、二次绕组之间相互绝缘，一次匝数多，用 A、X 表示；二次匝数少，用 a、x 表示（见图2-4）。

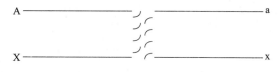

图2-4　电压互感器标示

电压互感器的一次绕组的匝数比较多，并联在高压侧，二次绕组的匝数少，并联在电能计量装置、监控测量、继电保护的电压绕组中，因此在正常运行时，电压互感器接近于空载运行。

电压互感器的技术参数在铭牌上都有标示，铭牌参数明细如图2-5所示。

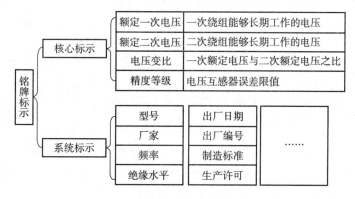

图2-5　铭牌参数明细

由电压互感器的型号可以判断出是单相还是三相，同时也能判断出材质与内部结构以及使用的电压等级，如图2-6所示。

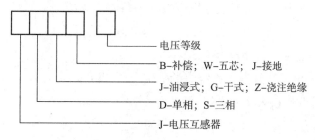

图2-6　电压互感器型号

电压互感器的接线方式按照分类可分为：V/V 接法、Y/Y 接法和 Y/Yn 接法三种，三种接法如图 2-7 所示。

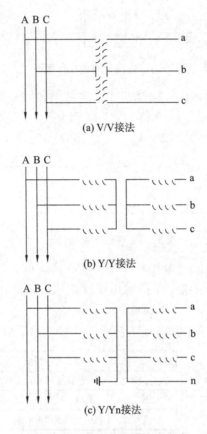

(a) V/V接法

(b) Y/Y接法

(c) Y/Yn接法

图 2-7　电压互感器接线方式

V/V 接法可以满足三相三线电能表和有功表所需的线电压，节约一台电压互感器。但缺点是不能测量相电压；不能接入监视系统绝缘的运行状态的电压表。

Y/Y 接法多用于高压三相系统，一般从二次侧中性电引出。但缺点是二次负荷不平衡时引起的误差较大；不能测量对地电压。

Y/Yn 接法可以测量相电压、又可以测量线电压。但缺点是绝缘水平低，是按相电压设计。

电压互感器一次电压绕组额定电压应按下列条件来选择：

$$0.9U_x < U_{1n} < 1.1U_x$$

式中：U_x——电压互感器被测电压，kV；

U_{1n}——电压互感器一次绕组的额定电压，kV。

电压互感器的选择按表 2-1。

表 2-1　电压互感器的选择

绕组名称	二次绕组		辅助二次绕组	
一次方式	接入线电压	接入线电压	中性点接地	经消弧线圈接地
二次绕组	100	$100/\sqrt{3}$	100	$100/\sqrt{3}$

准确度按表 2-2 选择。

表 2-2　准确度的选择

类别	Ⅰ	Ⅱ	Ⅲ	Ⅳ
等级	0.2	0.5	0.5	0.5

电压互感器额定容量应按下列条件来选择：

$$0.25S_n < S < S_n$$

式中：S_n——电压互感器额定容量，V·A；

S——电压互感器二次负荷视在功率，V·A。

在选择过程中应该注意，由于电压互感器每相二次负载并不一定相等，因此，各相的容量均按最大的一相进行选择。

电压互感器使用时应按有关规定进行试验检查，在接线时，要注意端子的极性，二次侧必须有一端接地，绝对不允许短路。

二、电流互感器

电流互感器的主要作用是将电网中的大电流转换成供二次设备使用的小电流，且将一次设备与二次设备之间有效隔离，电流互感器的二次侧输出规定其为 5A 或 1A，通过更改二次接线可以改变运行方式和与二次设备配套分类接线方式。

根据材料的不同，电流互感器的分类如图 2-8 所示。

电流互感器 $\begin{cases}塑料壳式，用于10kV以下室内配电装置中 \\ 浇注绝缘式，变电站3kV\sim35kV户内使用 \\ 油浸式，用于10kV及以上场合\end{cases}$

图 2-8　电流互感器分类

电流互感器一次绕组串联在电路中，并且匝数很少、故一次电流主要决定于被测电路的负荷电流，与二次电流大小无关。二次绕组所接仪表和继电保护电流绕组阻抗很小，所以在正常运行状态下相对于断路运行，电流互感器一次电压不变，二次电势也基本不变。电流互感器一次电流产生的磁通大部分被二次平衡。

电流互感器工作原理如图 2-9 所示。

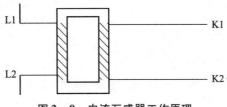

图 2-9　电流互感器工作原理

单变比电流互感器，一次绕组出线端（首端）用 L1 表示，一次绕组进线端（末端）用 L2 表示；二次绕组出线端（首端）用 K1 或 S1 表示，二次绕组进线端（末端）用 K2 或 S2 表示（见图 2－10）。

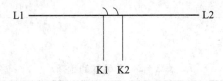

图 2－10　电流互感器标示

电流互感器额定电压是指一次绕组能够长期承受的对地的最大电压有效值，电流互感器的额定电压都为线电压。电流互感器的变比 K 就是电流互感器一次额定电流 I 与二次额定电流 i 之比，即 $K = I/i$。

一次电流是指一次绕组能够长期承受的对地的最大电压有效值，二次电流我国规定为 5A，当一次电流超过额定电流时，称为过负荷。电流互感器长期过负荷将烧坏电流互感器的绕组线圈。

电流互感器的额定容量是指电流互感器在二次额定电流 I_2 和额定阻抗 Z_2 运行时，二次绕组输出的容量。

电流互感器的基本结构是由一次绕组、二次绕组和铁心构成。有的二次绕组除主绕组外，还有附加绕组。一、二次绕组之间相互绝缘，一次匝数少，用 L1、L2 表示；二次匝数多，用 S1、S2 表示。

电流互感器的型号反映设备的材质和技术指标，如图 2－11 所示。

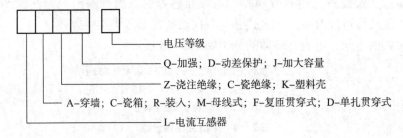

图 2－11　电流互感器型号

电流互感器的接线方式如图 2－12 所示。

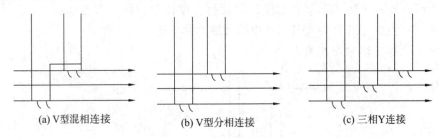

(a) V型混相连接　　　(b) V型分相连接　　　(c) 三相Y连接

图 2－12　电流互感器接线方式

V 型混相连接法由两只完全相同的电流互感器构成，其中的一台为 A 相，另一台为 C 相。作用是降 A、C 相大电流变为 A、C 相小电流。并且 A、C 相电流经计量后总回到两台电流互感器的反极端，节约了一根电流线。但缺点是计量接线错误不容易更改，接线容易错误。

V 型分相连接法弥补了 V 型混相连接的缺点，各个电流回路的电流线是相互独立，大大降低了计量的错误接线率。

三相 Y 连接法由三只完全相同的单相电流互感器构成，主要用于高电压大电流接地系统、发电机二次回路及三相四线电路，这种接线方式不允许中性电流断开；否则将造成较大的误差。

电压互感器的一次电压绕组额定电压应按下列条件来选择：

$$U_x \leqslant U_{1n}$$

式中：U_x——电流互感器安装处的工作电压，kV；

U_{1n}——电流互感器的额定电压，kV。

电流互感器的准确度选择与电压互感器相同（见表 2-2）。

电压互感器额定容量应按下列条件来选择：

$$0.25S_n < S < S_n$$

式中：S_n——电流互感器额定容量，V·A；

S——电流互感器二次负荷视在功率，V·A。

电流互感器二次电流已标准化为 5A，故选择额定变比，相当于是选择电流互感器的一次额定电流，电流互感器的一次额定电流一般按长期通过电流互感器的最大工作电流来选定。为保证电流互感器有良好的电流特性，不应使其负荷电流在额定电流的 1/3 以下，应尽量在其 2/3 以上。

一次电流是按在长期运行能满足允许发热情况确定的，我国已对电流互感器的一次电流进行标准化（见表 2-3）。

表 2-3　电流互感器一次电流标准化

1	—	—	—	—	—	—	—	—	—
10	—	15	20	—	30	40	50	60	75
100	—	160	200	—	315	100	500	630	800
1000	1250	1600	2000	2500	3150	4000	5000	6300	8000
10000	12500	16000	20000	25000	—	*	*	*	*

电流互感器在使用过程中，极性连接要正确，运行中的电流互感器严禁开路。二次绕组开路将导致二次侧出现高电压，危及人身及仪表的安全；出现不应有的过热，烧坏互感器的绕组；误差增大。

三、电子式电能表

电子式电能表与感应式电能表的原理完全不同，感应式电能表是根据电流元件与电压元件产生的交变磁通来推动铝盘的旋转，旋转的轴承连接齿轮计数器，通过计数器来计量电能消耗的多少。

电子式电能表是将进入表计的电流和电压分别用电流传感器、电压传感器将电流、电压的数据传送给模数转换器，将进入表计的电流、电压转换成脉冲信号，通过专用的微处理器 CPU 对脉冲数据进行乘积累积，通过 LCD 显示器显示出来。

第**3**章

新增电能计量装置

提示：本章主要介绍新增电能计量装置在设计审查、现场查验过程中，对一次设备、二次设备及辅助设备的要求，重点是结合《中国南方电网有限责任公司电能计量典型设计》的第七卷阐述高供高计、高供低计的具体要求。

第1节 高供高计设计审查

一、配置要求

变压器容量 315 kV·A 及以上的 10kV 客户计量方案为高供高计的，一律采用三相三线计量方式；电能表采用三相三线电子式多功能电能表，精度等级 0.5S 级；负控装置采用三相三线用电管理终端；电流互感器配置 2 只，精度等级为 0.2S 级，变比满足表 3-1 的要求。

表 3-1 变比要求

变压器容量/kV·A	变比	变压器容量/kV·A	变比
315	30/5	2000	150/5
400	30/5	3000	200/5
500	40/5	4000	300/5
630	50/5	5000	400/5
800	75/5	6000	400/5
1000	75/5	7000	500/5
1250	100/5	8000	600/5
1600	150/5		

电压互感器配 2 只，精度等级为 0.2 级，二次负载 10V·A 或 15V·A，接线方式采用 V/V 接法，电压变比为 10000V/100V。

组合式互感器电流部分参照电流互感器，电压部分参照电压互感器的配置要求；计量专用电流互感器、电压互感器不得接入其他设备，作为其他用途。

二、二次回路要求

二次回路电能表、负控装置应接入电流回路和电压回路，其设计图参照图 3-1

绘制。

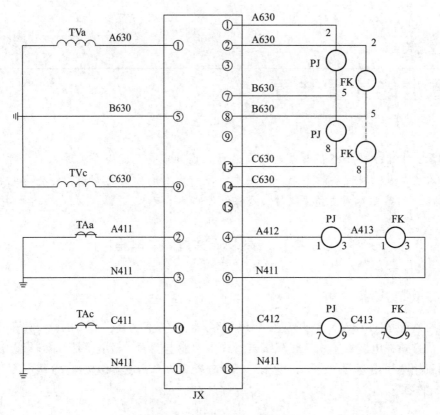

图 3－1 二次回路设计图

计量装置通信回路参照图 3－2 绘制。

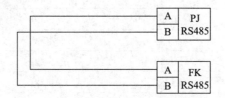

图 3－2 计量装置通信回路

RS485 通信回路使用具有黄、红颜色的两芯屏蔽线缆，黄色接 A/红色接 B。

二次回路按相分色安装，其使用材质、规格等须满足表 3－2 的要求。

表 3－2 二次回路安装要求

相序及类别	标识	使用材质	截面积/mm²	颜色
A 相电流回路	Ia	单质铜芯绝缘线	4	黄
A 相电压回路	Ua	单质铜芯绝缘线	2.5	黄
A 相电流回路	－Ia	单质铜芯绝缘线	4	黄黑

续表

相序及类别	标识	使用材质	截面积/mm²	颜色
B 相电压回路	Ub	单质铜芯绝缘线	2.5	绿
C 相电流回路	Ic	单质铜芯绝缘线	4	红
C 相电压回路	Uc	单质铜芯绝缘线	2.5	红
C 相电流回路	– Ic	单质铜芯绝缘线	4	红黑

二次回路必须安装实验接线盒，并且满足电能表轮换、校验的要求，同时满足一线一孔接线，如图 3 - 3 所示。

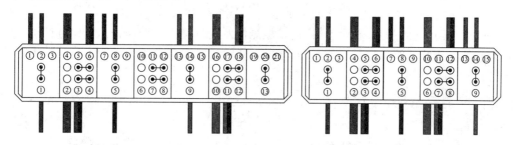

图 3 - 3　专用实验接线盒及接线示意图

三、安装要求

计量箱本体与电能表箱必须分离安装，电能表箱距离作业地面距离在 1.8m ~ 2.3m；计量箱应在前端加装跌落保险；同杆架设方式跌落保险的安装位置距离计量箱本体 2m 以上，且满足计量箱本体作业时与跌落保险带电端保持足够的安全距离的要求；电能表箱必须满足电能表、负控装置的安装，表箱厚度至少为 150mm，宽度至少为 750mm，高度至少为 600mm 的尺寸要求；电能表箱内安装通用挂表架 2 个、试验接线盒 1 个；计量箱本体必须接地，B 相二次电压与 A 相、C 相二次电流非极性端必须并联接地。

专用计量柜内只能安装用于电能计量的电流互感器、电压互感器、电能表及计量辅助设备，不得用于安装其他设备；专用计量柜设计安装时，前面通道宽度要求不少于 1.5m，双列并排安装中间通道宽度不少于 2.5m。电能表、负控装置安装空间尺寸要求深度至少为 150mm，宽度至少为 750mm，高度至少为 600mm；电能表、负控装置安装空间安装通用挂表架 2 个，试验接线盒 1 个，布局可参照图 3 - 4。

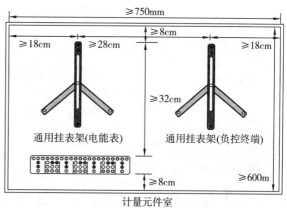

图 3 - 4　专用计量柜布局

电能表、负控装置的安装高度为0.8m～1.8m；电能计量装置前必须配置有高压断路器（柜）。

四、设计审查要求

设计审查应包括一次主接线图、二次接线原理图、通用二次接线图、计量室内元件布置图、计量柜侧视及局部剖面视图。

一次主接线图应注明电流互感器数量、精度、二次负载、变比；电压互感器数量、精度、二次负载、接线方式；专变容量，设计可以参照图3－5；二次接线原理图应注明二次回路的接线方式、二次回路的截面积、颜色、号头及接线要求，可以参照图3－6设计；计量室内元件布置图应作出电能表、接线盒、负控装置、观察孔的位置及距离地面高度，可以参照图3－7设计；计量柜侧视及局部剖面视图应作出电流互感器、电压互感器、熔断器等的位置，可以参照图3－8设计；设计图中应注明本设计图引用典型设计图号。

五、典型设计样图

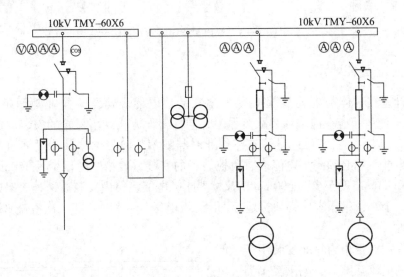

高压柜编号	G01	G02	G03	G04
高压柜用途	进线柜	计量柜	2号配交柜	1号配交柜
高压柜型号	XGN15－12	XGN15－12	XGN15－12	XGN15－12
柜宽/mm	750	750	500	500
负荷开关	SF6负荷开关		SF6负荷开关	SF6负荷开关
断路器				
熔断器	10kV熔断器	XRNP－12/1～2A	10kV熔断器	10kV熔断器
电流互感器	10kV电流互感器	10kV电流互感器0.2S	10kV电流互感器	10kV电流互感器
电压互感器	10kV电压互感器	10kV电压互感器0.2S		
避雷器	10kV避雷器		10kV避雷器	10kV避雷器
接地刀				
电压表	10/0.1kV			
电流表				
表计		PJ　FK		
带电提示器				

图3－5　一次主接线图

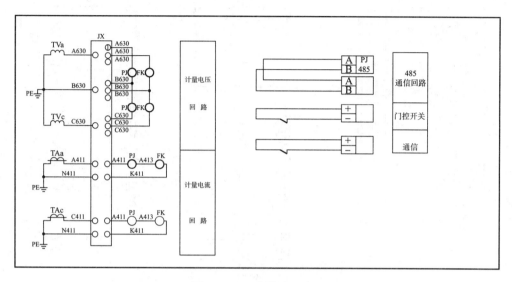

图 3－6　二次接线原理图

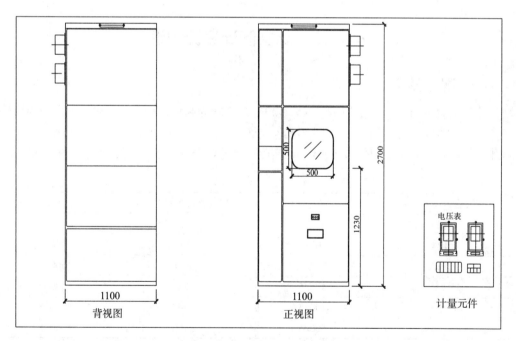

图 3－7　计量室内元件布置图

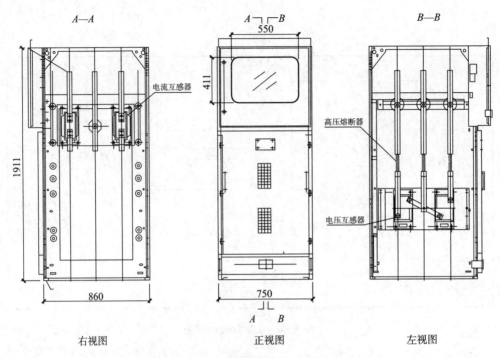

图 3-8 计量柜侧视及局部剖面视图

第2节 高供低计设计审查

一、配置要求

变压器容量 315kV·A 以下的 10kV 客户计量方案为高供低计的，一律采用三相四线计量方式；电能表采用三相四线电子式多功能电能表，精度等级 1.0 级；负控装置采用三相四线用电管理终端；电流互感器配置 3 只，精度等级为 0.2S 级，变比满足表 3-3 的要求。

表 3-3 变比要求

变压器容量/kV·A	变比	变压器容量/kV·A	变比
100	200/5	400	750/5
125	200/5	500	1000/5
160	300/5	630	1000/5
200	400/5	800	1500/5
250	400/5	1600	3000/5
315	500/5	2000	4000/5

二、二次回路要求

二次接线原理图包含电能计量装置二次回路、计量装置通信回路及接线说明。电能表、负控装置应接入电流回路和电压回路，设计图参照图 3-9 绘制。RS485 通信回路使用具有黄、红颜色的两芯屏蔽线缆，黄色接 A、红色接 B；必须安装实验接线盒，并且满足电能表轮换、校验的要求，同时满足一线一孔接线，如图 3－10 所示。

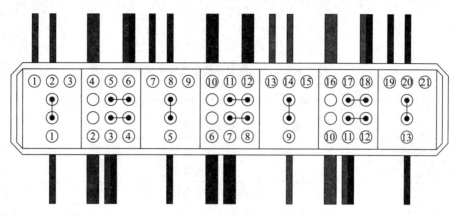

图 3－9　二次回路设计图

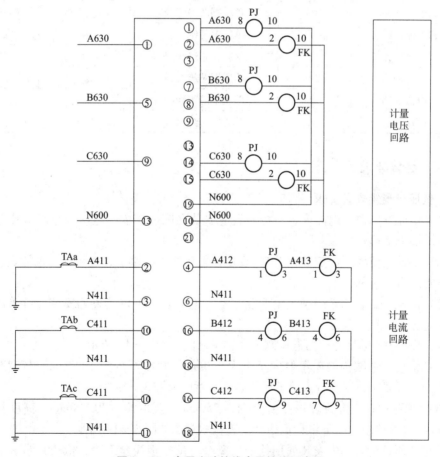

图 3－10　专用实验接线盒及接线示意图

计量装置通信回路参照图 3－11 绘制。

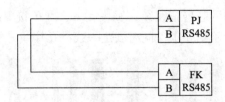

图 3 - 11　二次回路计量装置通信回路

二次回路按相分色安装，其使用材质、规格等应满足表 3 - 4 的要求。

表 3 - 4　二次回路安装要求

相序及类别	标识	使用材质	截面积/mm²	颜色
A 相电流回路	Ia	单质铜芯绝缘线	4	黄
A 相电压回路	Ua	单质铜芯绝缘线	2.5	黄
A 相电流回路	− Ia	单质铜芯绝缘线	4	黄黑
B 相电流回路	Ib	单质铜芯绝缘线	4	绿
B 相电压回路	Ub	单质铜芯绝缘线	2.5	绿
B 相电流回路	− Ib	单质铜芯绝缘线	4	绿黑
C 相电流回路	Ic	单质铜芯绝缘线	4	红
C 相电压回路	Uc	单质铜芯绝缘线	2.5	红
C 相电流回路	− Ic	单质铜芯绝缘线	4	红黑
N 相电压回路	Un	单质铜芯绝缘线	2.5	黑

三、安装要求

1. 低压计量箱安装要求

（1）电流互感器、电能表、负控制置应安装在同一箱内，电能表箱距离作业地面距离在 3m ± 0.2m。

（2）电流互感器可以安装在 10kV 变压器低压侧出线端上，也可以与电能表、负控制置安装在同一箱内。

（3）低压计量表箱必须满足电流互感器、电能表、负控装置的安装，可采用左右结构和上下结构两种方案。

（4）安装在 10kV 变压器低压侧出线端示意图如图 3 - 12 所示。

（5）采用左右结构的表箱厚度至少为 240mm，宽度至少为 1000mm，高度至少为 600mm 的尺寸要求，左右结构低压计量表箱示意图如图 3 - 13 所示。

（6）采用上下结构的表箱厚度至少为 250mm，宽度至少为 500mm，高度至少为 1000mm 的尺寸要求；上下结构低压计量表箱示意图如图 3 - 14 所示。

（7）低压计量表箱内安装通用挂表架 2 个、试验接线盒 1 个；低压计量表箱需要设置观察孔，宽度至少为 300mm，高度至少为 420mm 的尺寸要求；低压计量表箱配置有保护接地并联点。

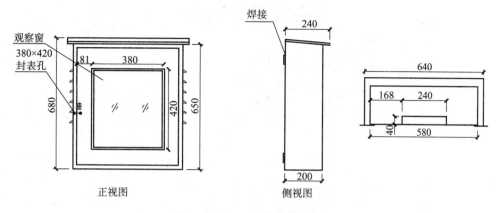

图 3 − 12　低压侧出线端示意图

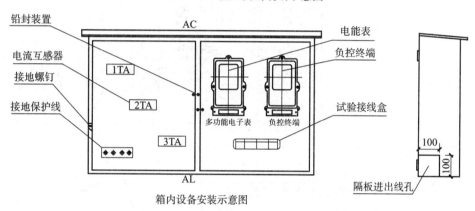

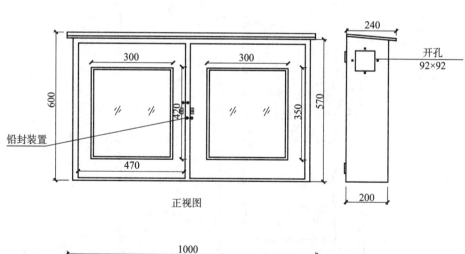

图 3 − 13　左右结构低压计量表箱

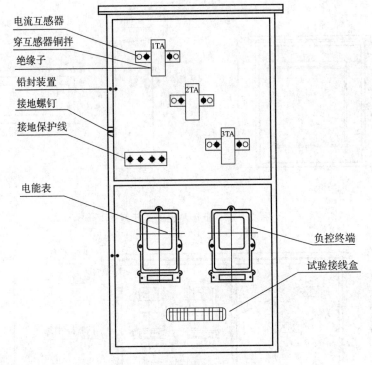

电流互感器
穿互感器铜拌
绝缘子
铅封装置
接地螺钉
接地保护线

电能表

负控终端

试验接线盒

箱内设备安装示意图

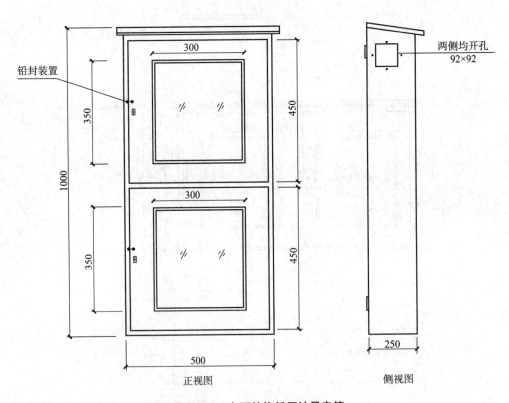

铅封装置

300
350
450
1000
300
350
450
500

正视图

两侧均开孔
92×92

250

侧视图

图 3-14　上下结构低压计量表箱

2. 专用计量柜

专用计量柜内只能安装用于电能计量的电流互感器、电能表及计量辅助设备，不得用于安装其他设备；低压计量柜设计安装时，前面通道宽度要求不少于 1.5m，双列并排安装中间通道宽度不少于 2.5m。电能表、负控装置安装空间符合深度至少为 150mm、宽度至少为 600mm、高度至少为 600mm 的尺寸要求，以及安装通用挂表架 2 个、试验接线盒 1 个，布局可参照图 3－15。

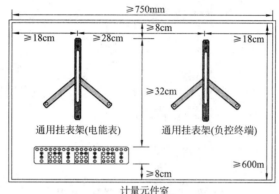

图 3－15　专用计量柜布局

3. 设计审查

设计审查应包含低压计量柜一次接线示意图、低压计量柜正视图及后视图、低压计量柜侧视图及剖视图、低压计量柜计量元件布置图、高供低计计量方式二次接线原理图、高供低计计量室接线端子图。

低压计量柜一次接线示意图应注明电流互感器数量、精度、二次负载、变比；电压互感器数量、精度、二次负载、接线方式及专变容量。设计可参照图 3－16。

序号	P01	P02	P03	P04	P05
表板		Ⓐ Ⓐ Ⓐ Ⓥ Ⓥ	Ⓐ Ⓐ Ⓐ Ⓐ Ⓐ Ⓐ	Ⓐ Ⓐ Ⓐ	Ⓐ Ⓐ Ⓐ
低压配电一次结线				40A	
开关柜型号	GCD3	GCD3	GCD3	GCD3	GCD3
屏宽(mm)	600	800	1000	1000	800
分路名称	计量	进线	低压出线回路	补偿	母联柜
装机容量					
计算电流A					
电缆规格					
电柜名称	计量柜	进线柜	出线柜	电容柜	
电缆编号					

图 3－16　低压计量柜一次接线示意图

低压计量柜正视图及后视图设计可参照图 3－17。

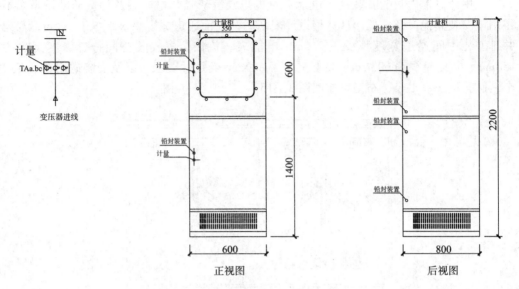

图 3－17　低压计量柜正视图、后视图

低压计量柜侧视图及剖视图设计可参照图 3－18。

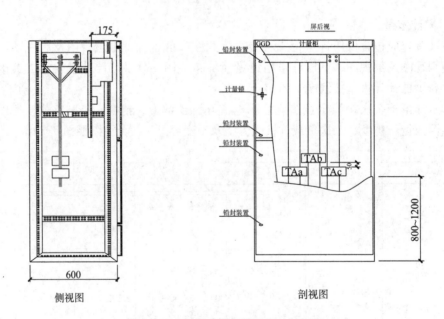

图 3－18　低压计量柜侧视图、剖视图

低压计量柜计量元件布置图设计可参照图 3－19。
高供低计计量方式二次接线原理图设计可以参照图 3－20。

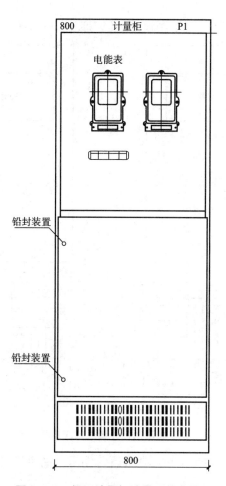

图 3－19　低压计量柜计量元件布置图

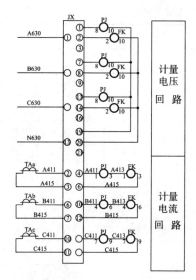

接线说明：

1.电压，电流回路A.B.C各相导线应分别采用黄、绿、红色线，中性线应采用浅蓝色线，接地线为黄绿双色。

2.电流，电压二次回路应采用单芯绝缘铜导线；电流二次线截面不小于4mm²，电压二次线截面不小于2.5mm²。

图 3－20　高供低计二次接线原理图

高供低计计量室二次接线端子图设计可以参照图3－21。

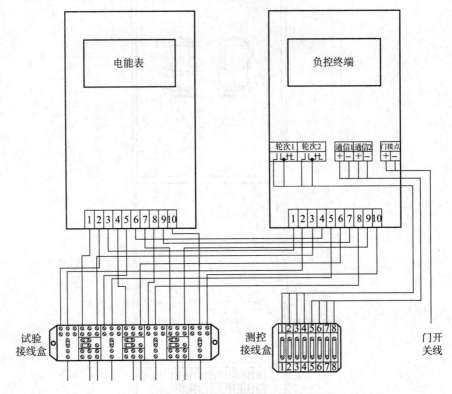

图3－21　高供低计计量室二次接线端子图

设计图中应注明本设计图引用的典型设计图号。高供高计电能计量装置设计审查清单见表3－5。

表3－5　高供高计电能计量装置设计审查清单

用户名称		
1. 设计资料的完整性审查		
（1）计量柜侧视及局部剖视图，如 CSG－10GJL－KYN－03	□有	□无
（2）计量元件布置图，如 CSG－10GJL－KYN－02	□有	□无
（3）二次接线原理图，如 CSG－10GJL－TY－01	□有	□无
（4）高压柜一次接线示意图，如 CSG－10GJL－KYN－01	□有	□无
（5）设计使用说明，在设计图中备注	□有	□无
2. 设计资料的正确性审查		
（1）电压互感器 V/V 接法的二次 B 相电压设计上要求接地	□有	□无
（2）电流互感器非极性端设计上要求接地	□有	□无
（3）变比按照典型设计的配置原则配置	□有	□无
（4）精度、二次容量等技术参数是否满足典型设计的要求	□有	□无

续表

（5）二次接线设计图是否满足准确计量的要求，号头是否规范	□有	□无
3. 设计资料的补充审查		
（1）所有的计量柜至少要有电能表、负控的安装位置	□有	□无
（2）设计中要求安装时，遗留有接线盒到电能表、负控的二次回路线	□有	□无
（3）设计中要求安装时，遗留有电能表至负控的 RS485 线	□有	□无
（4）所有遗留的二次线及 RS485 线均有号头	□有	□无
审查时间	审查人员	

第3节　变电站查验与验收报告

一、验收的方法

验收的项目及内容包括技术资料、现场核查、验收试验、验收结果的处理。电网经营企业之间贸易结算用电能计量装置，省级电网经营企业与其供电企业的供电关口电能计量装置的验收由当地省级电网经营企业负责组织，以省级电网经营企业的电能计量技术机构为主，当地供电企业配合，涉及发电企业的还应有发电企业电能计量管理人员配合。其他投运后由供电企业管理的电能计量装置应由供电企业电能计量技术机构负责验收；发电企业管理的用于内部考核的电能计量装置，由发电企业的计量管理机构负责组织验收。

验收的技术资料如下：

（1）电能计量装置计量方式原理接线图；一次、二次接线图；施工设计图和施工变更资料；

（2）电压、电流互感器安装使用说明书、出厂检验报告、法定计量检定机构的检定证书；

（3）计量柜（箱）的出厂检验报告、说明书；

（4）二次回路导线或电缆的型号、规格及长度；

（5）电压互感器二次回路中的熔断器、接线端子的说明书等；

（6）高压电气设备的接地及绝缘试验报告；

（7）施工过程中需要说明的其他资料。

现场核查内容：计量器具型号、规格、计量法制标志、出厂编号应与计量检定证书和技术资料的内容相符；产品外观质量应无明显瑕疵和受损；安装工艺质量应符合有关标准要求；电能表、互感器及其二次回路接线情况应和竣工图一致。

检查二次回路中间触点、熔断器、试验接线盒的接触情况；电流、电压互感器实际二次负载及电压互感器二次回路压降的测量；接线正确性检查；电流、电压互感器现场检验。

经验收的电能计量装置应由验收人员及时实施封印。封印的位置为互感器二次回路的各接线端子、电能表接线端子、计量柜（箱）门等；实施铅封后应由运行人员或用户对铅封的完好签字认可。

经验收的电能计量装置应由验收人员填写验收报告，注明"计量装置验收合格"或者"计量装置验收不合格"及整改意见，整改后再行验收。验收不合格的电能计量装置禁止投入使用。验收报告及验收资料应归档。

二、验收报告填写

《计量装置现场验收报告》用于新安装或改造的计量装置的现场验收，由承担验收的计量装置验收员填写。

现场验收时，由现场验收人员根据现场情况在"验收记录"中填写现场实际验收情况。

《计量装置验收报告》（示例见表3－16）用计算机打印或墨水笔填写，要求字迹工整清晰。

表3－6　计量装置验收报告示例

装置名称						
安装地点			计量装置类别			
验收人员			验收时间			
电压变比	110kV/100V		电流变比		600A/5A	
表	电能表类型	型　号	接线方式	准确度等级	制造厂及出厂编号	检定单位及检定证书号

序号	验收内容	验收记录
1	电能表及计量方式	
1.1	电能表配置	满足要求
1.2	通信接口	有√　　　无
1.3	双表配置情况	有　　　无√
1.4	接线方式	三相四线√　　　三相三线
1.5	接线正确性	满足要求
2	电能计量屏	
2.1	电能计量屏外观	满足要求
2.2	计量屏接地情况	有√　　　无
2.3	安装工艺质量	满足要求

序号	验收内容	验收记录
2.4	接线端子	满足要求
2.5	辅助电源	有　　　无√
2.6	防雷端子	有　　　无√
2.7	二次回路中间触点	满足要求
2.8	熔断器	有　　　无√
2.9	空气开关	有　　　无√
2.10	试验接线盒	有√　　　无
3	互感器	
3.1	互感器铭牌、绕组、等级情况	有√　　　无
3.2	互感器二次负荷	CT：$30V \cdot A$，PT：$50V \cdot A$
3.3	二次回路连接方式	
3.4	计量二次电缆	导线面积：电流 $4mm^2$，电压 $4mm^2$
3.5	互感器接地情况	有
4	设备资料及备品备件	
4.1	一、二次接线及其他配套图纸	无
4.2	出厂说明书、出厂检验报告	无
4.3	法定计量检定机构检定报告	无
4.4	备品备件	无
5	其他验收情况	
5.1	是否实施封印	无
5.2	封印位置	无
5.2.1	互感器二次回路各接线端子	满足要求
5.2.2	计量二次回路是否独立回路	是
5.2.3	电能表接线盒	铅封颜色：＿＿＿＿＿ 铅封编号：＿＿＿＿＿ 使用人员：＿＿＿＿＿
5.2.4	计量柜（门）	
5.2.5	铅封完好签字	运行人员（或用户）：＿＿＿＿＿ 时间：＿＿＿＿年＿＿＿＿月＿＿＿＿日
6	验收结论	合格（无图纸、电能表标签无开关编号等问题不影响投运，后期可改进，故视为合格）

第4节 客户计量安装及验收规范

一、（客户）电能计量装置安装及接线规范

1. 电流互感器安装

安装方向为 P1 进、P2 出；二次端钮盒便于工作；不使用的二次抽头在电流互感器本体短接；电流互感器安装时应考虑铭牌便于查看；10kV 电流互感器二次绕组的非极性端应在本体接地。400V 电流互感器二次绕组不需要接地。

2. 电压互感器安装

A 相的二次端钮 n 与 C 相的二次端钮 a 并联接地。电压互感器安装时应考虑铭牌便于查看；二次端钮盒便于工作。

3. 电能计量柜的安装及接线

电能计量柜的安装及接线应严格执行 DL/T 825《电能计量装置安装接线规则》的规定。电能计量柜的形式（包括外形尺寸）应适合使用场所的环境条件，保证使用、操作、测试等工作的安全、方便。一次负荷连接导线要满足实际负荷要求，导线连接处的接触及支撑要可靠，保证与计量及其他设备、设施的安全距离，防止相间短路或接地。计量柜上安装的表计对地高度应在 0.8m～1.8m；互感器的对地高度要适宜，便于安装、更换、周期检定。安装接线后的孔洞、空隙应用防鼠泥严密封堵，以防鼠害及小动物进入柜体。

4. 电能表的安装

电能表应安装在电能计量柜内，不得安装在活动的柜门上。电能表应垂直安装，所有的固定孔须采用螺栓固定，固定孔应采用螺纹孔或采用其他方式确保单人工作将能在柜（箱）正面紧固螺栓。表中心线向各方向的倾斜不大于1°。电能表端钮盒的接线端子，应以"一孔一线""孔线对应"为原则。三相电能表应按正相序接线。电能表应安装在干净、明亮的环境下，便于拆装、维护和抄表。

5. 负荷管理终端的安装要求

负荷管理终端应安装在计量柜（计量表箱）内，柜内安装位置与电能表安装要求一致。宜与计量电流回路串联，宜与计量电压回路并联连接，应接入与电能表通信的 RS－485 线。

安装有独立计量装置的负荷管理终端交流电源应直接从计量端子接线盒上引接终端电源。避免交流电源选择在受控开关的出线侧，以免开关断开后终端失电。安装位置应考虑终端的工作环境要求（－20℃～＋50℃，相对湿度≤95%）、无线信号的强弱（留有足够大的透明观察窗，不被密封金属柜屏蔽）、终端和各种通信线不易被破坏、终端的检查和设置操作方便等因素。

6. 负荷管理终端天线安装

现场采集终端天线应放置在无线信号强度较好的地方，要求信号强度满足数据传输要求。密封的金属柜对无线信号产生屏蔽，如果终端安装于完全密封的金属装置内

（如箱式变压器柜内），则应引出外置天线。地下室通信信号很弱的地方需要安装外置天线。寻找合适位置安放外置天线头，应考虑信号的强弱，应保证天线安装在不易被破坏的地方，同时注意防雷击。一般情况下，要求将外置天线头固定在计量柜（箱）的左外上侧，并加套塑料小盒保护。天线的引线需固定，天线及引线的安装位置不能影响计量检定、检修工作。

二、（客户）电能计量装置验收规范

1. 设备配置验收

电能表参数与设计图中规定的参数匹配；电流互感器数量、精度等级、变比、二次负荷与设计图中规定的参数匹配；电压互感器数量、精度等级、电压等级、二次负荷与设计图中规定的参数匹配。

2. 二次回路验收

二次导线号头的套入与设计图设计的号头数量、内容一致；二次回路的接线方式与设计图中的二次回路接线图一致；二次回路导线的截面积、颜色、接线盒应满足《中国南方电网公司电能计量装置典型设计》的要求，二次导线走线清晰、平整，并使用弹簧线包裹；二次导线金属部分不能裸露；计量二次回路严禁采用插接式装置来导通电压、电流。

3. 互感器验收

有法定机构提供的电流互感器、电压互感器检定证书；低压电流互感器使用供电局提供的已检合格电流互感器；出厂使用说明书、出厂检定报告；互感器铭牌易观察，通常在不借助任何工具，通过目测可查看铭牌参数；一次部分接触良好可靠；电压互感器高压熔断器导通。

4. 计量柜验收

柜中各单元之间宜以隔板或箱（盒）式组建区分和隔离。电能计量柜的门上应装设机械型弹子门锁和备有可铅封的设施。高压计量柜一次设备室内应装设防止误打开操作的安全联锁装置，计量柜门严禁安装联锁跳闸回路。计量二次回路严禁采用插接式装置来导通电压、电流。计量柜内一次设备与二次设备之间必须采用隔离板完全隔离。能进入计量柜内的各位置均应有可靠的加封点。计量室前门上应带有观察窗，以便于抄读电量与观察表计运行情况。计量柜的金属外壳和门应有接地端钮并要可靠接地，计量柜所有能够开启的柜门要求用铜编织带接地。门的开启位置要方便试验、抄表和日常维护。计量柜及柜内应采用不锈钢螺丝安装。柜内铜排母线布置，能方便上进线或下进线的电缆联接。母线安装布置应符合相应有关动稳定和热稳定的要求。应具有耐久而清晰的铭牌，铭牌应安装在易于观察的位置。计量柜内母线和导体的颜色及排列应符合 GB 2681《电工成套装置中的导线颜色》的规定。使用带高压计量室的一体化箱式变电站时，其内置的电能计量柜应符合相关规范的技术要求。电能计量柜顶部应设置吊装用挂环。

5. 熔断器验收

10kV 的电压互感器一次侧应装设 10kV 熔断器。安装在客户侧的 10kV 电压互感器，其计量绕组二次侧不允许装设熔断器或空气开关。选用熔断器熔丝应具有一定的抗冲击电流的通流能力。客户计量装置的高压熔断器，其额定电流应选用1A或2A。

6. 试验接线盒技术要求

试验接线盒具有带负荷现场校表和带负荷换表功能；试验接线盒体的制造应采用阻燃塑料；产品外观应光洁，无毛刺，接线盒底板与盒体的粘接应密实牢固；试验接线盒盖应能加封，同时接线盒盖应具备覆盖试验接线预留孔等防窃电功能；满足"一线一孔"的要求。

第 **4** 章

电能表接线与轮换

提示：本章介绍县级供电企业电能计量机构的工作职责，阐述电能计量装置运行与维护的具体作业事项，从电力系统角度解析电能计量的网络结构，从运维管理角度分析管理的事务及工作。

第1节　电能表接线

一、低压单相电能表接线方式

用于单相电路的电能计量装置一般只有电能表，居民主要用的表计是 DD862 型号的单相电能表。这种表只有一个启动元件，启动元件包括电流线圈和电压线圈。

接线方式主要有两种：一是电流线圈与负载串联（见图 4-1）；二是电压线圈与负载并联（见图 4-2）。电压线圈的电压端子与对应的电流线圈同名端接在电源侧，只有这样才能保证电能表的正确计量。

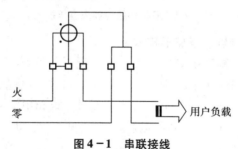

图 4-1　串联接线

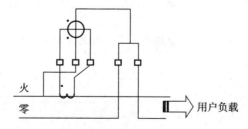

图 4-2　并联接线

我国单相电能表的规定的电压为 220V，允许通过的最大电流为 80A，如果单相负荷的电流超过 80A 时，可以采用以下两种方法：

1）安装电流互感器，将大电流转换成小电流进入单相电能表。

2）改用三相四线电路供电，将用户的单相负载平均分配到三相，三相四线电能表用直接接入的方式。

二、三相四线电能表的接线方式

常见的三相四线电能表型号有 DT1、DT2、DT10、DT864 等，其共同特点是有三个完全相同的启动元件，就是说有三个电流线圈和三个电压线圈，并且每个元件承受的电压均为相电压，电流均为相电流，三相四线电能表的计量相当于三个单相电能表联合计量。

1. 三相四线电能表直接接入

如图 4-3 所示，该接法的第一元件加 $U_A I_A$、第二元件加 $U_B I_B$、第三元件加 $U_C I_C$，三相电压相等，即 $U_A = U_B = U_C$。假定三相负荷平衡，即 $I_A = I_B = I_C$，则有

$$P = U_A I_A \cos\rho + U_B I_B \cos\rho + U_C I_C \cos\rho$$

$$P = 3UI\cos\rho$$

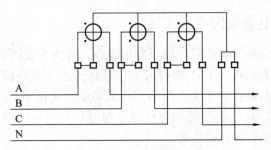

图 4-3　三相四线电能表直接接入

2. 三相四线电能表带电流互感器接入

当用户的电流大于电能表承受的最大标定电流时，就要装设电流互感器，互感器的二次端子于电能表之间的连接有两种。一种为分相进入电能表的各个元件，A 相电流互感器的二次端子 K1、K2 进电能表的第一元件，B 相电流互感器的二次端子 K1、K2 进电能表的第二元件，C 相电流互感器的二次端子 K1、K2 进电能表的第三元件。另一种为并接进表，分别将 A 相电流互感器的二次端子 K2 、B 相电流互感器的二次端子 K2 进电能表的、C 相电流互感器的二次端 K2 并联来总回零（见图 4-3）。

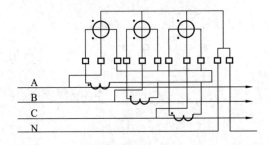

图 4-4　三相四线电能表带电流互感器接入

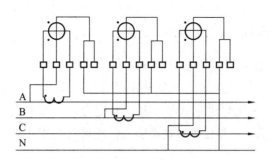

图 4 - 5　三个单相电能表计量三相四线负载

3. 三个单相电能表计量三相四线负荷

三相电路的每一相就相当于一个单相负载，所以三相负载的电能表也可用三个单相电能表来进行计量，三个单相电能表的计量接线方式与一个三相四线电能表的接线完全相同，其三个单相电能表的功率等于三个单相电能表的代数和。在农村三相四线供电线路中，经常采用这种计量。因为农村的负载记录不完善，一旦发生计量上的故障，三相电能表可能只表现在电能表的慢走，很难区别是负载减小还是电能表出现故障。当采用三个电能表计量时，只要其中的一个单相电能表出现异常，便可迅速准确地找到故障，抄表员还可根据另外两个单相电能表的读数进行电量核算。

4. 三相四线有、无功电能表联合接线

如图 4 - 6 所示，该接法不仅计量了用户的有功功率，而且还计量了无功功率，这种接法是将有功的第一电流元件与无功的第一电流元件串联在电流互感器的二次端子上，并且这种串联是两表的电流极性完全相同。电压分别并联在两表的电压端子上，值得注意的是，有功表加的电压为相电压，无功表加的电压为线电压。

其有功计量功率如下：

$$P_{总} = U_A I_A \cos\rho + U_B I_B \cos\rho + U_C I_C \cos\rho$$

$$P_{总} = P_A + P_B + P_C = P + P + P = 3P = 3UI\cos\rho$$

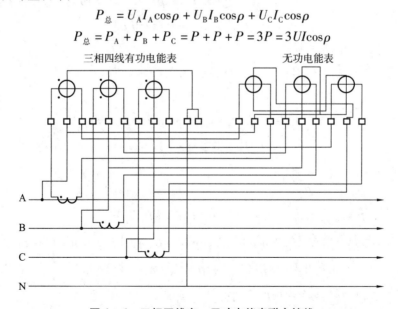

图 4 - 6　三相四线有、无功电能表联合接线

三、三相三线电能表接线方式

三相三线电能表的主要型号有 DSS533、DSSD535、DSSD536。三相三线电能表加在元件上的是线电压，电压互感器采用 V/V 型接法，如果 B 相电压确实可靠的接地，则 U_{AB}、U_{CB} 为 100V，A 相对地为 100V、B 相对地为 0V、C 相对地为 100V。

1. 计量 380V 电焊机三相三线有功电能表的接线（见图 4－7）

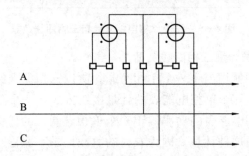

图 4－7　380V 电焊机三相三线有功电能表接线

这种接法主要是计量 380V 电焊机，其计量电焊机的功率如下：

$$P = P_{\mathrm{I}} + P_{\mathrm{II}}$$

电能表各个元件的计量功率如下：

第一元件的计量功率为

$$P_{\mathrm{I}} = U_{AB}I_A\cos\ (U_{AB}I_A)$$
$$= U_{AB}I_A\cos\ (30° + \rho)$$
$$= U_{AB}I_A\ [\cos30°\ \cos\rho - \sin30°\ \sin\rho]$$
$$= U_{AB}I_A\ [3/2\cos\rho - 1/2\sin\rho]$$

第二元件的计量功率为

$$P_{\mathrm{II}} = U_{CB}I_C\cos\ (U_{CB}I_C)$$
$$= U_{CB}I_C\cos\ (30° - \rho)$$
$$P_{\mathrm{I}} = U_{AB}I_A\ [\cos30°\ \cos\rho + \sin30°\ \sin\rho]$$
$$= U_{AB}I_A\ [3/2\cos\rho + 1/2\sin\rho]$$

总功率为

$$P = P_{\mathrm{I}} + P_{\mathrm{II}}$$
$$P = U_{AB}I_A\cos\ (U_{AB}I_A)\ + U_{CB}I_C\cos\ (U_{CB}I_C)$$
$$= U_{AB}I_A\ [3/2\cos\rho - 1/2\sin\rho]\ + U_{AB}I_A\ [3/2\cos\rho + 1/2\sin\rho]$$
$$= U_LI_\phi\ [3/2\cos\rho - 1/2\sin\rho + 3/2\cos\rho + 1/2\sin\rho]$$
$$= 2U_LI_\phi3/2\cos\rho$$
$$= 3U_LI_\phi\cos\rho$$

2. 带 TA、TV 三相三线有功电能表接线（见图 4－8）

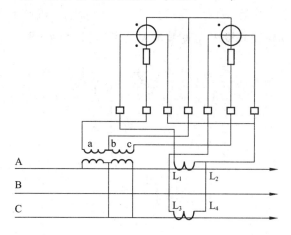

图 4－8　带 TA、TV 三相三线有功电能表接线

图 4－8 是 DSSD535 型电子式电能表，电能表的总计量等于电能表各个元件计量的代数和，三相三线电能表各元件所加的电压为线电压、电流为相电流。其计量功率如下：

$$P = P_{\mathrm{I}} + P_{\mathrm{II}}$$

电能表各个元件的计量功率如下：

第一元件的计量功率为

$$P_{\mathrm{I}} = U_{\mathrm{AB}}I_{\mathrm{A}}\cos\ (U_{\mathrm{AB}}I_{\mathrm{A}})\ = U_{\mathrm{AB}}I_{\mathrm{A}}\cos\ (30° + \rho)$$

$$= U_{\mathrm{AB}}I_{\mathrm{A}}\ [\cos30°\ \cos\rho - \sin30°\ \sin\rho]$$

$$= U_{\mathrm{AB}}I_{\mathrm{A}}\ [3/2\cos\rho - 1/2\sin\rho]$$

第二元件的计量功率为

$$P_{\mathrm{II}} = U_{\mathrm{CB}}I_{\mathrm{C}}\cos\ (U_{\mathrm{CB}}I_{\mathrm{C}})$$

$$= U_{\mathrm{CB}}I_{\mathrm{C}}\cos\ (30° - \rho)$$

$$P_{\mathrm{I}} = U_{\mathrm{AB}}I_{\mathrm{A}}\ [\cos30°\ \cos\rho + \sin30°\ \sin\rho]$$

$$= U_{\mathrm{AB}}I_{\mathrm{A}}\ [3/2\ \cos\rho + 1/2\sin\rho]$$

总功率为

$$P = P_{\mathrm{I}} + P_{\mathrm{II}}$$

$$P = U_{\mathrm{AB}}I_{\mathrm{A}}\cos\ (U_{\mathrm{AB}}I_{\mathrm{A}})\ + U_{\mathrm{CB}}I_{\mathrm{C}}\cos\ (U_{\mathrm{CB}}I_{\mathrm{C}})$$

$$= U_{\mathrm{AB}}I_{\mathrm{A}}\ [3/2\cos\rho - 1/2\sin\rho]\ + U_{\mathrm{AB}}I_{\mathrm{A}}\ [3/2\cos\rho + 1/2\sin\rho]$$

$$= U_{L}I_{\phi}\ [3/2\cos\rho - 1/2\sin\rho + 3/2\cos\rho + 1/2\sin\rho]$$

$$= 2U_{L}I_{\phi}3/2\cos\rho$$

$$= 3U_{L}I_{\phi}\cos\rho$$

这种接线正确，采用这种接线方式，不论用户的负荷是感性或是容性，不论用户的三相负荷是否对称，均能用计量有功的三相三线电能表正确计量。

3. 三相三线无功电能表接线（60度型无功表）（见图4-9）

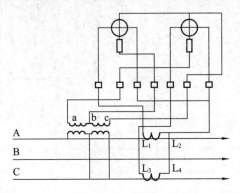

图4-9 三相三线无功电能表接线

60度型无功电能表的内部是靠特殊的连接而成的，第一元件接入的是 $U_{BC}I_A$，第二元件接入的是 $U_{AC}I_C$，两个电压线圈之间串入两个相同的电阻，使工作磁通在电压之后60°，这样使第一元件和第二元件产生转距的结果相当于电压相位超前30°，计量功率如下：

第一元件的计量功率为

$$P_I = U_{BC}I_A\cos(U_{BC}I_A)$$
$$= U_{BC}I_A\cos(90° - 30° - \rho)$$
$$= U_{BC}I_A\cos(60° - \rho)$$

第二元件的计量功率为

$$P_{II} = U_{AC}I_C\cos(U_{AC}I_C)$$
$$= U_{AC}I_C\cos(150° - 30° - \rho)$$
$$= U_{AC}I_C\cos(120° - \rho)$$

总功率为

$$P = P_I + P_{II}$$
$$P = U_{BC}I_A\cos(U_{BC}I_A) + U_{AC}I_C\cos(U_{AC}I_C)$$
$$= U_{BC}I_A\cos(60° - \rho) + U_{AC}I_C\cos(120° - \rho)$$
$$= U_L I_\phi [1/2\cos\rho + 3/2\sin\rho - 1/2\cos\rho - 3/2\sin\rho]$$
$$= 3U_L I_\phi\sin\rho$$

无功功率为

$$Q = 3U_L I_\phi\sin\rho$$

第2节 电能表周期轮换

一、电能表周期轮换的目的

运行中的电能表由于受环境条件的影响（如温度、湿度），加之自身元器件老化，会出现误差超差。周期轮换是电能计量装置全生命周期管理的一部分，起到一个运行质量监督的作用。

二、电能表周期轮换计划的编制

1. 计划编制的依从性

电能表周期轮换计划的编制以 DL/T 448—2016《电能计量装置技术管理规程》《中国南方电网有限责任公司电能计量装置运行管理办法》为依据。

（1）电能表经运行质量检验判定为不合格批次的，应根据电能计量装置运行年限、安装区域、实际工作量等情况制定计划并在一年内全部更换。

（2）静止式电能表使用年限不宜超过其设计寿命。

2. 计划编制的规范性

电能表周期轮换计划的编制可以按片区进行划分，然后再在具体片区范围内进行细化，其计划模板如表4-1、表4-2所示。

表4-1　片区编制模板

××××年轮换片区划分			
一片区 （××片区××月）	二片区 （××片区××月）	三片区 （××片区××月）	四片区 （××片区××月）

表4-2　计划编制模板

一片区（××片区××月）											
序号	轮换月份	变电站/客户	线路名称	类别	编号	型号	额定电流	额定电压	厂家	精度	有效期	轮换日期

编制好的周期轮换计划应上报同级设备部或上级业务主管部门进行审核。审核工作要求应满足计量装置周期轮换规定的时间要求，同时应能保证完成轮换任务，合理安排工作量，确保计划的正确性及可行性。

三、电能表周期轮换计划的执行

编制好的电能表周期轮换计划应根据每月工作计划按期执行。在上月末将下月电能表周期轮换计划提交设备部及上级业务主管部门审批，通过审批后，班组根据工作安排，开展本月电能表周期轮换。在计划执行过程中，应明确工作时间、工作负责人及工作任务。

四、资料归档及拆回电表的处理

（1）更换电能表时宜采取自动抄录、拍照等方法保存底数等信息，存档备查。贸易结算用电能表拆回后至少保存一个结算周期。

（2）更换拆回的Ⅰ~Ⅳ类电能表应抽取其总量的5%~10%、Ⅴ类电能表应抽取其总量的1%~5%，依据计量检定规程进行误差测定，并每年统计其检测率及合格率。

（3）及时更新档案，在计量装置档案中录入更换表计信息；

（4）在生产管理系统及营销系统中录入表计变更数据。

（5）涉及电量追补的应及时进行电量追补。

五、电能表周期轮换工作前准备

1. 填写第二种工作票

工作票填写规范如表4-3所示。

表4-3　工作票填写规范

工作票列表	电能表位于屏柜（事例）	电能表位于断路器柜（事例）
工作任务	××号主变××kV侧电能表更换 ××kV××线、××线电能表更换	××kV××线电能表更换
工作地点	××室主变电能表屏处 ××小室××kV线路电度表屏处	××kV断路器室××kV××线 ××断路器柜电能表安装处
相关高压设备状态	无要求	无要求
相关二次回路状态	无要求	无要求
应投切相关直流电源（空气开关、断路器、连接片）低压及二次回路	无要求	无要求
应设遮拦或围栏、挂标示牌	将××室××kV线路电能表屏四周屏锁闭并装设围栏，在围栏上悬挂"止步 高压危险"标示牌，并在入口处悬挂"在此工作"标示牌	依次在××kV××线、××线、××线电能表安装处分别悬挂"在此工作"标示牌

2. 填写二次回路措施单

二次回路措施单填写规范如表4-4所示。编制电能表周期轮换作业指导书。

表4-4　二次回路措施单填写规范

序号	执行	时间	安全技术措施内容	恢复	时间
01			将××kV××线电能表计量二次电流回路A411、A412、 B411、B412、C411、C412端子可靠短接		
02			将××kV××线电能表计量二次电压回路A630、B630、 C630、N600端子断开		
			以下空白		

3. 准备工器具

作业所需工器具及仪器仪表如表4-5所示。

表4-5　作业所需工器具及仪器仪表

工器具及仪器仪表	图样	用途
电能表		□用于更换
测试线		可靠短接电流
试验接头		短接电流时的接入
绝缘胶布		用于包裹二次电压，防止短路或接地
组合工具		

六、电能表周期轮换作业要求及步骤

电能表周期轮换作业要求及步骤可按表4-6进行。

表4-6　电能表周期轮换作业要求及步骤

作业步骤	工序、工艺标准和质量要求
更换前准备工作	• 记录表计的信息（表号、电流大小、电压值、功率因数）及短接开始时间； • 用专用短接线将电流回路二次端子短接可靠； • 应将拆开的电压线金属部分用绝缘胶布包扎，防止电压回路短路及接地故障； • 更换完成后，应查看电能表的电流、电压及功率因素显示情况，确认接线正确，表计正常，查看时间记录短接时间
接线检查	• 检查电能表二次接线是否正确，可以采用相位表检查接线。检查应在电能表接线端进行。根据做出的相量图或现场校验仪给出的结果与实际负荷电流及功率因数相比较，分析判断电能表的接线是否正确。如有错误，先经有关管理人员确认，然后按分析结果更正电能表接线，重新检查。如仍然不能确定其错误接线的实际情况，则应停电检查； • 对于判断为错误接线的电能计量装置应有详细的记录，包括错误接线的形式、向量图、计算公式、更正后的接线形式、向量图等

续表

作业步骤	工序、工艺标准和质量要求
计量差错检查	• 电压互感器熔断器熔断或二次回路接触不良； • 电流互感器二次回路接触不良或开路； • 电压相序反； • 电流回路极性不正确
通信检查	检查多功能电能表和电能量系统连接是否正常
更换表计后完善工作	• 填写换表传票给市场营销部及相关部门，进行电量追补，完善计量点表计信息资料

七、电能表周期轮换风险分析及控制

电能表周期轮换风险点分析及控制措施如表4-7所示。

表4-7　电能表周期轮换风险点分析及控制措施

序号	安全风险	控制措施
1	走错间隔，误触带电设备	工作过程中，工作人员应明确工作任务及相邻设备的运行情况，不要接触与自己工作无关的设备
2	电流互感器二次开路	在拆接电流回路前，应用专用二次短接线将电流二次回路短接可靠；确认二次短接可靠，在电能表上调看二次电流确认安全短接
3	电压互感器二次短路	拆接电压回路后，用绝缘胶布将电压线金属部分包扎，确认其不短路及接地

电能表周期轮换通知单

No：20090911001

部门：　　市场营销部　　　　　　　　　计量性质：　　计费表　　　　

户名：　1号主变110kV侧　　　　　　　安装地点：　110kV织金变电站　

轮换日期：　××××.××.××　　　　　　工作负责人：　　刘××　　　

内容	轮换前	轮换后
生产厂家	威胜	红相
变　比	300/5	300/5
倍　率	6.6	6.6
型　号	DTST341	DTSD3000
等　级	0.5	0.5S

续表

内容	轮换前		轮换后	
电子表底数	$+P$:	5063.01	$+P$:	0
	$-P$:	1.32	$-P$:	0
	$+Q$	2599.87	$+Q$	0
	$-Q$	0.16	$-Q$	0
电子表表号	表号 200111049C0095		表号：010143	
	条码：57B50137N1A034U0068		条码：57B5Z2ZAP1U09010143	
轮换起时间	14：54～15：14	轮换止时间		20
应追补电量（kW·h）： $W =$ 二次功率 × 倍率 × 时间		$W = 0.305 \times 6.6 \times 0.33 = 6642 kW \cdot h$		
注：追补电量结果单位已在计算中换算。				

市 场 部	客户中心	审核人	填报人	日 期
				××××.××.××

第 5 章

电能表现场校验

提示：本章主要介绍电能表现场校验的管理和技术、现场校验的方法、作业流程及校验过程中的危险点分析，通过本章知识学习，了解电能表现场校验的目的及意义，规范电能表现场校验流程，为电能表的全生命周期管理打下坚实的基础。

第1节　电能表现场校验管理

一、电能表现场校验的定义和目的

定义：对电能表在安装现场实际工作状态下实施的在线检测。

目的：定期检查电能表运行情况，确定电能表合法、准确地运行。

二、电能表现场校验计划的编制

1. 电能表现场校验应遵守下列规定：

（1）电能计量技术机构应制订电能计量装置现场检验管理制度，依据现场检验周期、运行状态评结果自动生成年、季、月度现场检验计划，并由技术管理机构审批执行。现场检验应按 DL/T 1664—2016《电能计量装置现场检验规程》的规定开展工作，并严格遵守 GB 26859《电力安全工作规程（电力线路部分)》及 GB 26860《电力安全工作规程（发电厂和变电站电气部分)》等相关规定。

（2）现场检验用标准仪器的准确度等级至少应比被检品高两个准确度等级，其他指示仪表的准确等级应不低于 0.5 级，其量限及测试功能应配置合理。电能表现场检验仪器应按规定进行实验室验证（核查）。

（3）现场检验电能表应采用标准电能表法，使用测量电压、电流、相位和带有错误接线判别有功电能表现场检验仪器，利用光电采样控制或被试表所发电信号控制开展检验。现场检验仪器有数据存储和通信功能，现场检验数据宜自动上传。

（4）现场检验时不允许打开电能表罩壳和现场调整电能表误差。当现场检验电能表误差超过其准确度等级值或电能表功能故障时应在三个工作日内处理或更换。

（5）新投运或改造后的Ⅰ类、Ⅱ类、Ⅲ类电能计量装置应在带负荷运行一个月内进行首次电能场检验。

（6）运行中的电能计量装置应定期进行电能表现场检验，其现场校验计划的编制以 DL/T 448—2016《电能计量装置技术管理规程》为依据，其校验周期可按表 5-1 确定。

表 5 - 1　各类电能表校验周期表

类别	类别划分	校验周期
Ⅰ 类	220kV 及以上贸易结算用电能计量装置，500kV 及以上考核用电能计量装置，计量单机容量 300MW 及以上发电机发电量的电能计量装置	6 月
Ⅱ 类	110（66）kV ~ 220kV 贸易结算用电能计量装置，220kV ~ 560kV 考核用电能计量装置。计量单机容量 100MW ~ 300MW 发电机发电量的贸易结算用电能计量装置	12 个月
Ⅲ 类	10kV ~ 110（66）kV 贸易结算用电能计量装置，10kV ~ 220kV 考核用电能计量装置。计量 100MW 以下发电机发电量、发电企业厂（站）用电量的电能计量装置	24 个月

（7）长期处于备用状态或现场检验时不满足检验条件（负荷电流低于被检表额定电流电能表为 5% 或低于标准仪器量程的标称电流 20% 或功率因数低于 0.5 时）的电能表，经实际检测，不宜进行实负荷误差测定，但应填写现场检验报告、记录现场实际检测状况，可统计为实际检验数。

（8）对发、供电企业内部用于电量考核、电量平衡、经济技术指标分析的电能计量装置，宜应用运行监测技术开展运行状态检测。当发生远程监测报警、电量平衡波动等异常时，应在两个工日内安排现场检验。

2. 计划编制的原则性

电能表现场校验计划的编制应尽量考虑人力、物力及人机功效等因素，结合电能计量装置分类情况，按照变电站和客户计量点数量，分片区编制周期校验计划。对校验周期有调整的，可以书面上报同级设备部及上级计量业务主管部门，获批后方可按照校验周期调整校验计划。

3. 计划编制的规范性

电能表现场校验计划的编制可以按片区进行划分，然后再在具体片区范围内进行细化，其计划模板如表 5-2、表 5-3 所示。

表 5-2　片区编制模板

××××年现校片区划			
一片区（××片区××月）	二片区（××片区××月）	三片区（××片区××月）	四片区（××片区××月）

表 5-3　计划编制模板

一片区（××片区××月）												
序号	现校月份	变电站/客户	线路名称	类别	编号	型号	额定电流	额定电压	厂家	精度	有效期	性质

　　编制好的现场校验计划应上报同级设备部或上级业务主管部门进行审核。审核工作要求应满足计量装置现场校验规定的时间要求，同时应能保证完成校验任务，合理安排工作量，确保计划的正确性及可行性。

三、电能表现场校验计划的执行

　　编制好的电能表现场校验计划应根据每月工作计划按期执行。在上月末将下月电能表现场校验计划提交设备部及上级业务主管部门审批，通过审批后，班组根据工作安排，开展本月电能表校验。在计划执行过程中，应明确工作时间、工作负责人及工作任务。

四、资料归档

　　（1）及时更新档案，在计量装置档案中录入本次校验误差数据。

　　（2）在生产管理系统中录入相关数据。

　　（3）运用计算机对电能表校验记录进行管理，实现与相关专业的信息共享，并应用计算机对电能表历次现场校验数据进行分析，以考核其变化趋势。

　　（4）电能表现场校验应有可靠备份和用于长期保存的措施，并能方便地进行用户类别、计量器具分类的查询统计。

　　（5）纸质原始记录应至少保存3个检定周期。

第2节　电能表现场校验技术

一、电能表现场校验测定方法

　　运行中的电能表，采集的电测量随负载情况而变化，通常电能表的校验采用高频脉冲数预置法。既将便携式的标准电能表接入运行电能表计量回路中，电流采用串联，电压采用并联。将便携式标准电能表与被检运行电能表连续运行在同一情况下，计读便携式标准电能表在被检运行电能表输出 n 个低频脉冲时输出的高频脉冲数 N，在与预置的高频脉冲数进行比较，以下公式可计算被检运行电能表的相对误差值：

$$E（\%）=\frac{N_0-N}{N}\times100+E_0$$

$$N_0=\frac{C_0n}{CK_IK_U}$$

式中：E_0——便携式标准电能表的系统误差，现场校验时不考虑修正，$E_0=0$；

　　　C_0——便携式标准电能表高频脉冲常数，一般情况与被检运行电能表常数一致；

　　　C——被检运行电能表低频脉冲常数；

　　　K_I——便携式标准电能表外接电流钳的变比，标准电流接入则为 1；

　　　K_U——便携式标准电能表外接电压互感器变比，没有则为 1。

二、电能表现场校验的特点

现场校验具有不需拆卸计量器具、不需要中断计量并且可真实记录现场实际影响的优点，还可节约人力、物力，提高工作效率。在用户对电能表、互感器等计量器具提出异议时，可在不影响用电的情况下完成现场校验，检查接线的正确性。因此，电能计量误差的现场校验和计量错误的现场检查就成为必不可少的工作。

三、电能表现场校验的要求

1. 工作条件

工作条件应满足下列要求：

（1）环境温度：0~35℃，相对湿度小于85%；

（2）电压对额定值的偏差不应超过 ±10%；

（3）频率对额定值的偏差不应超过 ±2%；

（4）现场检验时，当负荷电流低于被检电能表标定电流的10%（对于S级的电能表为5%）或功率因数低于 0.5 时，不宜进行误差测定；

（5）负荷相对稳定，小于或等于规程要求的技术指标 1.5 倍。

2. 标准装置条件

标准装置条件如下：

（1）必须具备运输和保管中的防尘、防潮和防震措施；

（2）标准表必须按固定相序使用，表上有明显的相别标志；

（3）标准表接入电路的通电预热时间，应严格遵照使用说明中的要求。如无明确要求，通电时间不得少于 15min。

（4）标准表和试验端子之间的连接导线应有良好的绝缘，中间不允许有接头，并应有明显的极性和相别标志。其中，标准表的电流连接端子应具有自锁功能；

（5）连接标准表与试验端子之间的导线及连接点接触电阻造成的标准表与被试表对应电压端子之间的电位差相对于额定电压比值百分数，应不大于被试表等级指数的1/10；

（6）使用的标准电能表现场校验仪的准确度级别应比被检电能表高 2 个等级或以上。

3. 原始记录要求

现场校验原始记录模板见附件 5 - 1。现场校验数据填写应清晰完整，应满足中国南方电网有限责任公司公司实验室管理办法相关要求：

（1）原始记录的修改要求采用杠改的方式进行，在被杠改的数据上打一条横线，然后在其上方或下方工整地写上数据，并由杠改人签字，注明杠改日期；

（2）原始数据不得化整；

（3）各种原始记录必须经校验员、核验员签名。

4. 其他要求

在现场校验电能表的同时，应对运行中的计量自动化终端进行现场检查。经现场校验的电能表应由校验人员及时实施封印。

四、电能表现场校验的工作内容

1. 工作内容

（1）测量实际负荷下的电能表误差；

（2）多费率电能表内部时钟校准；

（3）电池检查；

（4）事件记录检查；

（5）接线检查；

（6）计量差错检查；

（7）不合理的计量方式检查；

（8）多功能电能表的功能检查；

（9）出具测试报告。

电能表现场校验的接线原理图及接线示意图参见附件 5 - 2。

接线原理图

● 三线三线电能表电流钳接入式校验参照 JL - DNB - 3312、JL - DNB - 3304。

● 三线三线电能表标准电流接入式校验参照 JL - DNB - 3311、JL - DNB - 3303。

● 三线四线电能表电流钳接入式校验参照 JL - DNB - 3412。

● 三线四线电能表标准电流接入式校验参照 JL - DNB - 3411。

接线示意图

● 三线三线电能表电流钳接入式校验参照 JL - DNB - 3301、JL - DNB - 3302。

● 三线三线电能表标准电流接入式校验参照 JL - DNB - 3305、JL - DNB - 3306。

● 三线四线电能表电流钳接入式校验参照 JL - DNB - 3403。

● 三线四线电能表标准电流接入式校验参照 JL - DNB - 3401、JL - DNB - 3406。

2. 误差数据处理

电能表现场校验误差应按规定进行修约，其误差限不能超过表 5 - 4 的要求。当现场校验电能表误差超过电能表准确度等级值时应在 3 个工作日内更换，如发现电能表故障时，应按故障处理流程进行处理。

表5-4　电能表误差限值

类别	负载	功率因素	工作误差			
			0.2 级	0.5 级	1 级	2 级
安装有功	$0.1I_b \sim I_{max}$	$\cos\phi = 1.0$	±0.2	±0.5	±1.0	±2.0
	$0.1I_b$	$\cos\phi = 0.5$（感性）	±0.5	±1.3	±1.5	±2.5
		$\cos\phi = 0.8$（容性）	±0.5	±1.3	±1.5	
	$0.2I_b \sim I_{max}$	$\cos\phi = 0.5$（感性）	±0.5	±0.8	±1.0	±2.0
		$\cos\phi = 0.8$（容性）	±0.3	±0.8	±1.0	
安装无功	$0.1I_b \sim I_{max}$	$\cos\phi = 1.0$			±1.5	±3.0
	$0.1I_b$	$\cos\phi = 0.5$（感性）			±1.0	±2.0
		$\cos\phi = 0.8$（容性）			±2.0	±2.0
	$0.2I_b \sim I_{max}$	$\cos\phi = 0.5$（感性）			±1.0	±2.0
		$\cos\phi = 0.8$（容性）			±2.0	±4.0

第3节　电能表现场校验作业流程及规范

一、电能表现场校验工作前准备

工作票填写规范如表5-5所示。

表5-5　工作票填写规范

工作票列表	电能表位于屏柜（事例）	电能表位于断路器柜（事例）
工作任务	××号主变××kV侧电能表现场校验 ××kV××线、××线电能表现场校验	××kV××线电能表现场校验
工作地点	××室主变电能表屏处 ××小室××kV线路电能表屏处	××kV断路器室××kV××线×× ××断路器柜电能表安装处
相关高压设备状态	××断路器在运行状态，且一次负荷电流不低于××A	
相关二次回路状态	有要求	
应投切相关直流电源（空气开关、断路器、连接片）低压及二次回路	××号主变××kV侧电能表计量二次电流、电压回路运行 ××kV××线、××线电能表计量二次电流、电压回路运行	××线电能表计量二次电流、电压回路运行

续表

工作票列表	电能表位于屏柜（事例）	电能表位于断路器柜（事例）
应设遮栏或围栏，挂标示牌	将××室××kV线路电能表屏四周屏锁闭并装设围栏，在围栏上悬挂"止步 高压危险"标示牌，并在入口处悬挂"在此工作"标示牌	依次在××kV××线、××线、××线电能表安装处分别悬挂"在此工作"标示牌

填写二次回路措施单。其二次回路措施单填写规范如表5-6所示。

表5-6 二次回路措施单填写规范

序号	执行	时间	安全技术措施内容	恢复	时间
01			将标准表电流回路与××kV××线电能表计量二次电流		
			回路 A411、A412、B411、B412、C411、C412 端子可靠		
			串接		
02			将标准表电压回路与××kV××线电能表计量二次电压		
			回路 A630、B630、C630、N600 端子可靠连接		
			以下空白		

编制电能表现场校验作业指导书。

准备工器具。作业所需工器具及仪器仪表如表5-7所示。

表5-7 作业所需工器具及仪器仪表

工器具及仪器仪表	图样	用途
电能表现场校验仪		□电能表误差校验 □电能表的接线进行检查
电压、电流测试线		并联电压、串联电流
试验接头		取电压、电流时的接入

续表

工器具及仪器仪表	图样	用途
脉冲采样线		电能表的脉冲识别输入
组合工具		

二、电能表现场校验作业要求及步骤

电能表现场校验作业要求及步骤可按表 5－8 进行。

表 5－8　电能表现场校验作业要求及步骤

作业步骤	工序、工艺标准和质量要求
接线	<ul><li>标准设备应安放在相对宽阔、安全的地方，标准设备放置必须稳定、可靠，避免发生倒塌事故；</li><li>必须将电压、电流连接导线固定好，防止因连接导线脱落造成断路、短路等故障；</li><li>完成校验后，应监视标准设备电流回路的状况，恢复电流端子排中的短接片，直至标准设备电流回路电流接近为零；</li><li>若标准设备不使用外接工作电源，此时应关闭标准设备工作电源开关</li></ul>
电能表误差测量	<ul><li>将标准设备接入被检电能表相应的回路；</li><li>将被检电能表的输出脉冲接入标准设备；</li><li>断开电流连片，将电流输入到标准表；</li><li>断开电流连片时应注意对分流情况进行监视；</li><li>操作标准电能表，查看并记录电流、电压、相位等二次电量参数；</li><li>进行电能表相对误差测量。按检定规程进行校验；</li><li>将标准设备退出被测电能表测量回路；</li><li>先接通电流连片，检查标准表分流情况，确认标准表分流接近为零后，方可拆除试验接线</li></ul>
电池检查	检查电能表内部用电池的使用时间或使用情况的记录，当发现异常情况时，应及时更换并作相应的记录
计量差错检查	<ul><li>电能表倍率差错；</li><li>电压互感器熔断器熔断或二次回路接触不良；</li><li>电流互感器二次回路接触不良或开路；</li><li>电压相序反；</li><li>电流回路极性不正确</li></ul>

作业步骤	工序、工艺标准和质量要求
不合理的 计量方式 检查	• 电流互感器的变比过大，致使电流互感器经常在 20%（S 级：5%）额定电流以下运行的； • 电能表接在电压、电流互感器非计量二次绕组上； • 电压与电流互感器分别接在电力变压器不同侧的；电能表电压回路未接到相应的母线电压互感器二次上。 • 无换向计度器的感应式无功电能表和双向计量的感应式有功电能表无止逆器
通信检查	• 检查多功能电能表和电能量系统连接是否正常

第 4 节　现场作业安全保障及风险分析

一、作业安全保障

电能表现场校验是电能计量管理的重要环节，是保证电能计量装置正常准确运行的一种有效方法。为了保证电能表现场校验工作的安全有序开展，现场校验必须严格遵守《电业安全工作规程》，工作前办理工作票，履行好工作许可手续，向工作班组成员做好安全技术交底，严禁酒后作业和疲劳作业。在作业过程中，严禁走错间隔、误碰带电设备，使用工具必须经过绝缘处理，防止电流互感器二次回路开路、电压互感器二次回路短路或接地。

二、风险分析及控制

电能表现场校验风险点分析及控制措施如表 5－9 所示。

表 5－9　电能表现场校验风险点分析及控制措施

序号	安全风险	控制措施
1	人员低压触电	接入试验电源时，应使用带漏电保护器的电源插座和使用绝缘工具
2	走错间隔，误触带电设备	工作过程中，工作人员应明确工作任务及相邻设备的运行情况，不要接触与自己工作无关的设备
3	电流互感器二次开路	接入电流回路前，应测量标准表电流回路是否良好连通；在断开和接通电流联片时，必须用仪表进行监视；电流回路试验导线应有良好的绝缘，中间不允许有接头，并应有明显的极性和相别标志，连接头应具有自锁功能
4	电压互感器二次短路	接入电压回路前，应测量标准表电压回路，确认其不短路；电压连接导线应有良好的绝缘中间不允许有接头，并应有明显的极性和相别标志

附件 5－1 现场校验原始记录模板

厂站或用户		大西桥变	计量名称		大田东线 101		类别		Ⅲ

<table>
<tr><td rowspan="6">被检表信息</td><td>表计名称</td><td colspan="5">三相四线电子式多功能电能表</td></tr>
<tr><td>厂　　家</td><td colspan="2">红相</td><td>型　　号</td><td colspan="2">DY3060</td></tr>
<tr><td>电压规格</td><td colspan="2">57.7/100</td><td>电流规格</td><td colspan="2">1（6）</td></tr>
<tr><td>常　　数</td><td colspan="2">/kW·h</td><td>精　　度</td><td colspan="2">0.5S</td></tr>
<tr><td>表计编号</td><td colspan="2">016807120088</td><td>表计条码</td><td colspan="2"></td></tr>
</table>

	型号	编号	精度	生产厂家	■	型号	编号	精度	生产厂家	■
标准表信息	GL3121	2007083	0.05	深圳科陆	□	679B	5445	0.05	红相电力	□
	GL3121	2012948	0.05	深圳科陆	□	Calp300	35248	0.05	德国 EMH	□
	GL3121	2012945	0.05	深圳科陆	□	AP2003	507155	0.05	优特奥科	□

<table>
<tr><td rowspan="8">被检表运行参数</td><td colspan="2">温度</td><td>℃</td><td colspan="2">湿度</td><td></td><td>%</td><td colspan="2">□无温湿度检测设备</td></tr>
<tr><td colspan="3">表端电压/V</td><td colspan="3">负荷电流/A</td><td colspan="3">运行向量</td></tr>
<tr><td>U_a</td><td>U_b</td><td>U_c（U_{cb}）</td><td>I_a</td><td>I_b</td><td colspan="2">I_c</td><td colspan="2"></td></tr>
<tr><td></td><td></td><td></td><td></td><td></td><td colspan="2"></td><td colspan="2"></td></tr>
<tr><td colspan="9">被检定电能表运行环境是否满足现场校验条件：</td></tr>
<tr><td colspan="9">□满足现场校验要求　　　□低负荷　　　停运　　　□功率因素过低　　　□其他异常</td></tr>
</table>

<table>
<tr><td rowspan="4">误差测定</td><td>脉冲采校</td><td>电流里程</td><td>脉冲设定</td><td colspan="2">相对误差</td><td rowspan="4">平均误差</td><td rowspan="4"></td></tr>
<tr><td>□光电头</td><td>□5A 电流钳</td><td></td><td>第 1 次误差</td><td></td></tr>
<tr><td>□数据线</td><td>□10A 标准</td><td></td><td>第 2 次误差</td><td></td></tr>
<tr><td>□分频</td><td>□120A 直输</td><td></td><td>第 3 次误差</td><td></td></tr>
</table>

<table>
<tr><td rowspan="8">其他功能检查和测试</td><td>序号</td><td>测试项目</td><td>测试结果</td><td colspan="2">备注</td></tr>
<tr><td>1</td><td>组合误差</td><td></td><td colspan="2"></td></tr>
<tr><td>2</td><td>日历时针</td><td></td><td colspan="2"></td></tr>
<tr><td>3</td><td>费率时段</td><td></td><td colspan="2"></td></tr>
<tr><td>4</td><td>权限设置</td><td></td><td colspan="2"></td></tr>
<tr><td>5</td><td>负荷曲线</td><td></td><td colspan="2"></td></tr>
<tr><td>6</td><td>寄存器设置</td><td></td><td colspan="2"></td></tr>
<tr><td>7</td><td>结算（冻结时间）日</td><td></td><td colspan="2"></td></tr>
</table>

<table>
<tr><td rowspan="4">其他</td><td>拆封信息</td><td></td><td rowspan="2">□校验未拆封
□无旧封补新封</td></tr>
<tr><td>加封信息</td><td></td></tr>
<tr><td>校验人员</td><td colspan="2"></td></tr>
<tr><td>记录人员</td><td>校验时间</td><td>用户确认</td></tr>
</table>

备注	

附件5－2　电能表现场校验接线原理图

三相三线电能表现场校验电流标准接入原理图（JL‐DNB/ 3311）

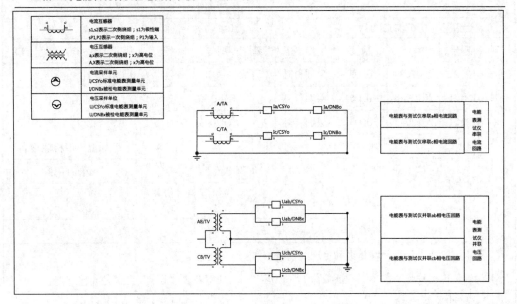

三相三线电能表现场校验电流钳接入原理图（JL‐DNB/3312）

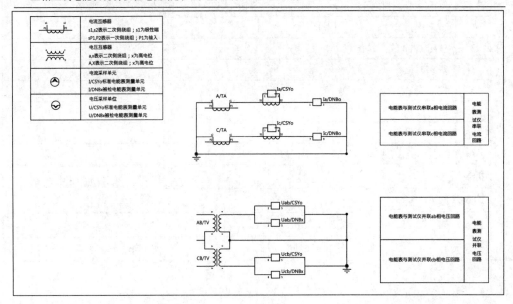

三相三线电能表现场校验电流标准接入原理图（JL-DNB/3313）

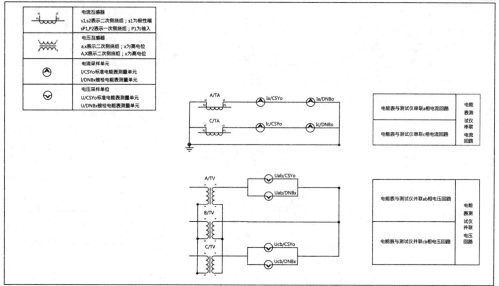

三相三线电能表现场校验电流钳接入原理图（JL-DNB/3314）

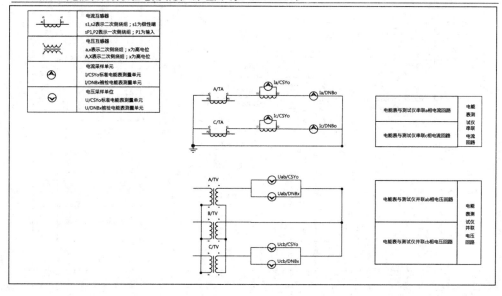

三相四线电能表校验电流标准接入原理图（JL–DNB/3411）

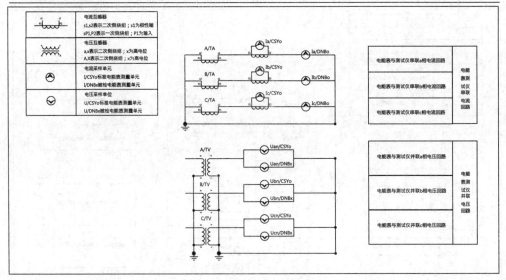

三相四线电能表现场校验电流钳接入原理图（JL–DNB/3412）

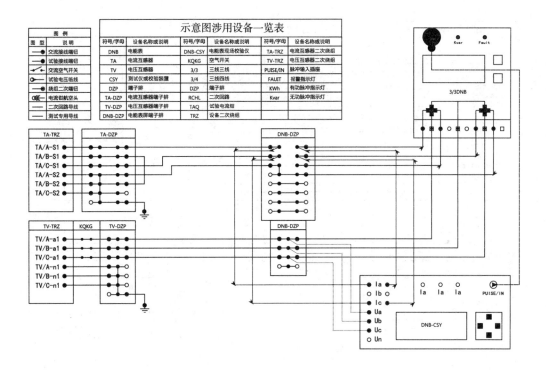

三相四线电能表现场校验接线示意图（JL-DNB/3301）

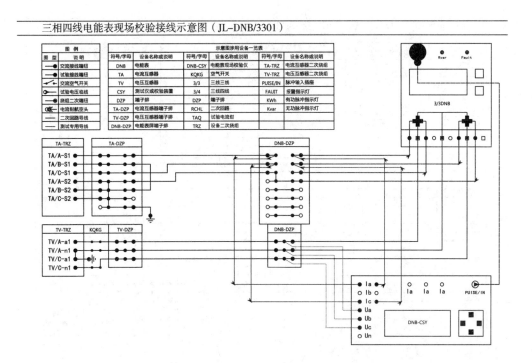

三相四线电能表现场校验接线示意图（JL-DNB/3403）

三相四线电能表现场校验接线示意图（JL-DNB/3402）

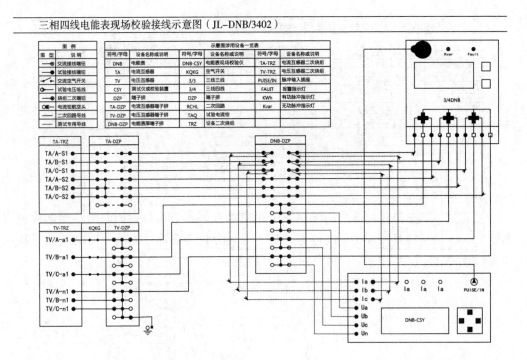

第**6**章

电流互感器现场校验

提示：本章主要介绍电流互感器现场校验的管理和技术、现场校验的方法、作业流程及校验过程中的危险点分析，通过本章知识学习，了解电流互感器现场校验的目的及意义，规范电流互感器现场校验流程，为电能计量装置的全生命周期管理打下坚实的基础。

第1节　电流互感器现场校验管理

一、电流互感器现场校验的定义和目的

定义：对运行一定时间的电流互感器在现场进行比差及角差的测量。

目的：定期检查计量用电流互感器运行情况，确保电流互感器安全、稳定、准确地运行。

二、电流互感器现场校验计划的编制

1. 计划编制的依从性

电流互感器周期校验计划的编制以 DL/T 448—2016《电能计量装置技术管理规程》、JJG 313—2010《测量用电流互感器检定规程》为依据，其校验周期确定为：

（1）新安装或检修后的电流互感器必须进行现场校验；

（2）对测量用电流互感器，每10年至少要进行一次现场校验。

2. 计划编制的原则性

电流互感器周期校验计划的编制应按照电流互感器首次检定的时间，根据检定周期依次顺推，同时兼顾调度年度停电计划，综合分析考虑即可得出年度电流互感器周期校验计划。

3. 计划编制的规范性

电流互感器现场校验计划的编制应按照前次校验时间、校验周期及主设备检修计划综合考虑，其计划模板如表6-1所示。

表 6 - 1　电流互感器现场校验计划的编制模板

序号	现校月份	变电站/客户	线路名称	类别	编号	型号	厂家	精度	有效期	计划停电时间

编制好的现场校验计划应上报同级设备部、电力调度管理部门或上级业务主管部门进行审核。审核工作要求应满足计量装置现场校验规定的时间要求，同时应能保证完成校验任务，合理安排工作量，确保计划的正确性及可行性。

三、电流互感器现场校验计划的执行

编制好的电流互感器现场校验计划应根据每月工作计划按期执行。在上月末将下月电流互感器校验计划提交设备部、电力调度管理部门及上级业务主管部门审批，通过审批后，按照预计的计划停电时间填报停电申请，根据批准停电时间开展现场校验工作。在计划执行过程中，应明确工作时间、工作负责人及工作任务。

四、资料归档

（1）及时更新档案，在计量装置档案中录入本次校验误差数据。

（2）在生产管理系统中录入相关数据。

（3）运用计算机对电能表校验记录进行管理，实现与相关专业的信息共享，并应用计算机对电流互感器历次现场校验数据进行分析，以考核其变化趋势。

（4）电流互感器现场校验应有可靠备份和用于长期保存的措施，并能方便地进行用户类别、计量器具分类的查询统计。

（5）纸质原始记录应至少保存 3 个检定周期。

第2节　电流互感器现场校验技术

一、相关定义

电流误差（比值差）：互感器在测量电流时所出现的误差，它是由于实际电流比与额定电流比不相等造成的。电流误差的百分值用下式表示：

$$电流误差 = \left[\left(K_n I_s - I_p \right) / I_p \right] \times 100\%$$

式中：K_n——额定电流比；

I_p——实际一次电流；

I_s——测量条件下通过 I_p 时的二次电流。

相位差：一次电流与二次电流相量的相位差，相量方向是以理想互感器中的相位差为零来决定的。若二次电流相量超前一次电流相量时，相位差作为正值。通常用分（′）表示。

二、电流互感器现场校验的要求

1. 工作条件

工作条件应满足下列要求：

（1）环境温度：$10℃ \sim 35℃$，相对湿度小于 85%；

（2）存在于工作场所周围与检定工作无关的电磁场所引起的测量误差，不应大于被检电流互感器误差限值的 $1/20$。用于检定工作的升流器、调压器、大电流电缆线等所引起的测量误差，不应大于被检电流互感器误差限值的 $1/10$。

2. 标准装置条件

（1）必须具备运输和保管中的防尘、防潮和防震措施；

（2）标准电流互感器的准确度级别应比被检高 2 个等级或以上，检定 S 级的电流互感器时，标准电流互感器应比被检电流互感器的准确度级别高 3 个等级，具有与被试设备相同的变比。

3. 原始记录要求

电流互感器现场误差测试记录见附件。现场校验数据填写应清晰完整，应满足中国南方电网有限责任公司实验室管理办法相关要求。

（1）原始记录的修改要求采用杠改的方式进行，在被杠改的数据上打一条横线，然后在其上方或下方工整地写上数据，并由杠改人签字，注明杠改日期；

（2）原始数据不得化整；

（3）各种原始记录须经校验员、核验员签名。

三、电流互感器现场校验的工作内容

1. 工作内容

包括直观检查、绕组的极性检查、计量绕组的误差测量、退磁、出具测试报告。

2. 测试接线

如图 6 - 1 所示，TY 为电源操作箱；SL 为升流器；CTx 为被校电流互感器；CTo 为标准电流互感器；Z 为电流负荷箱或二次实际负荷；L1、L2（P1、P2）为电流互感器一次的对应端子；K1、K2（S1、S2）（Kx）为电流互感器二次的对应端子（x：端子序号）。

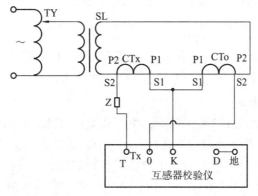

图 6 - 1　电流互感器现场校验接线图

3. 电流互感器误差限值及试验条件

电流互感器现场校验误差限值及试验条件不能超过表6-2要求，应按表6-3进行修约。当现场校验电流互感器误差超差时，需制定更换或改造计划，提交相关专业管理部门，并在下一次主设备检修完成日期前解决。

表6-2 电流互感器误差限值及试验条件表

准确级别	比值差（±%）					相位差（±′）				
	1	5	20	100	120	1	5	20	100	120
0.1		0.4	0.2	0.1	0.1		15	8	5	5
0.2		0.75	0.35	0.2	0.2		30	15	10	10
0.5		1.5	0.75	0.5	0.5		90	45	30	30
1		3.0	1.5	1.0	1.0		180	90	60	60
0.2S	0.75	0.35	0.2	0.2	0.2	30	15	10	10	10
0.5S	1.5	0.75	0.5	0.5	0.5	90	45	30	30	30
试验条件	1. 电流互感器二次带额定负荷时，在下列额定电流百分数测量误差：1（对S级要求）、5、20、100、120； 2. 电流互感器二次带1/4额定负荷时，在下列额定电流百分数测量误差：1（对S级要求）、5、20、100									
功率因数	0.8（滞后）									

注：1. 二次电流为5A，额定二次负荷5V·A的电流互感器，应在5V·A及2.5V·A二次负荷下进行试验。

2. 二次电流为5A，额定二次负荷为5V·A或10V·A的电流互感器，若铭牌上将3.75V·A标识为其下限负荷，应在5VA或10V·A及3.75V·A二次负荷下进行试验。

表6-3 误差修约间隔

各等级误差修约间隔	0.1	准确度等级		
		0.2	0.5	1
比值差/%	0.01	0.02	0.05	0.1
相位差/（′）	0.5	1	2	5

4. 校验结果的处理

（1）校验工作结束，清扫工作现场，填写现场记录簿，并向现场值班负责人交代有关工作情况及注意事项，经验收交接后及时办理工作票终结手续。

（2）校验结果应及时通知上一级生产技术管理部门，出具校验报告，给出修约后的校验数据及最大误差。

（3）校验不合格的电流互感器，应及时要求厂家调整或更换。

第3节 电流互感器现场校验作业流程及规范

一、电流互感器现场校验工作前准备

1. 人员准备

现场校验工作人员必须持有相应级别的电流互感器计量检定员证，并熟练掌握现场校验的方法和技巧，熟悉有关二次回路；现场校验至少有 2 名人员方能开展工作；进入工作现场，必须按规定着装、戴安全帽。

2. 资料准备

为顺利完成现场校验工作，工作负责人应了解工作地点环境情况、一次主接线情况等，必要时应到现场进行勘测。查阅被校电流互感器相应的历史技术资料、图纸、使用说明书、厂家技术文件，准备好所需的试验记录。

3. 试验设备和工具准备

如表 6-4 所示。

表 6-4 试验设备及工器具

设备名称	数量	规格	备注
电源操作箱	1 套	5kV·A 及以上	操作箱应配备过载自动掉闸装置
升感器			根据被试电流互感器以及现场实际情况准备多台设备
标准电流互感器	1 台	0.05S 级	标准电流互感器准确等级应比被试电流互感器高频两个等级以上，并要求在检定有效期内
互感器现场校验仪	1 台	准确等级：2 级	要求在检定有效期内
电流负荷箱	1~2 台	准确等级：±3%	根据被试电流互感器额定二次负荷值，准备多台该设备，并要求在检定有效期内
专用测试导线	1 套		一次导线及二次导线
专用接地线	1 套		
交流（钳型）电流表	1 只	200A，0.5 级	要求在检定有效期内
峰值电压表	1 只	3000V 以上	要求在检定有效期内
万用表	1 只		要求在检定有效期内
兆欧表	2 只	500V、1000V	要求在检定有效期内
安全用具	1 套		绝缘手套、安全帽、安全带等
工具及附件	1 套		

4. 办理变电第一种工作票

5. 填写二次回路措施单

其二次回路措施单填写规范如表 6-5 所示。

表 6-5　二次回路措施单填写规范

序号	执行	时间	安全技术措施内容	恢复	时间
01			拆除××kV××线电流互感器二次电流回路 A411、B411、		
			C411、N411 端子线头		
			以下空白		

6. 编制电流互感器现场校验作业指导书

二、电流互感器现场校验作业要求及步骤

1. 安全措施

（1）计量用电流互感器现场校验必须停电进行，试验人员不得少于两人；填用第一种工作票，并办理二次设备及回路工作安全技术措施单，现场工作开始前，应与值班人员履行工作许可手续，工作票许可后，工作负责人应前往工作地点，核实工作票各项内容，并认真查对已做的安全措施和技术措施是否符合要求，认清设备名称，严防走错位置。

工作票上应包含下述安全措施：

a. 断开有关断路器；

b. 被校电流互感器两侧隔离开关处于断开位置；

c. 电流互感器一次绕组其中一侧接地；

d. 断开有关断路器、隔离开关的操作机构电源，退出有关保护回路或装置；

e. 在断路器、隔离开关操作机构箱或操作把手上悬挂"禁止合闸、有人工作"标示牌；

f. 在被校电流互感器四周设置围栏，围栏上悬挂"止步，高压危险"标示牌，被校互感器构架上悬挂"在此工作"标示牌。

（2）进入试验现场应戴安全帽，登高作业必须使用安全带，并不得上下抛掷物件；现场搬运梯子时，应由两人搬运，并与带电部分保持足够的安全距离。

（3）现场工作负责人应指定一名有一定工作经验的人员担任安全监护人。安全监护人负责检查全部工作过程的安全性，一旦发现不安全因素，应立即通知暂停工作并向现场工作负责人报告，安全监护人不得从事现场实际操作。

（4）对被校互感器一次、二次回路进行检查核对，确认无误后方可工作；试验中禁止电流互感器二次回路开路，严禁在电流互感器与短路端子间的回路和导线上进行任何工作。

（5）试验用电源必须由检修电源柜、试验电源柜或其他可用于该项试验的电源接入，严禁从运行设备上直接取电源，试验装置的电源开关应使用有明显断开的双极刀闸，刀闸应戴绝缘罩。试验装置的低压回路中应有两个串联开关，并加装过载自动掉闸装置。

（6）试验人员应集中精力进行操作，变更结线或试验结束时，应断开试验电源。

（7）现场校验前应退出相关保护回路，将互感器所有二次绕组与二次回路断开，并作记号，以便试验结束后恢复，该项工作按"二次设备及回路工作安全技术措施单"执行。具有多个二次绕组的电流互感器，对一个绕组试验时，必须将其余二次绕组两端短路（注：短路电流互感器二次绕组时，必须使用短路片或短路线，短路应妥善可靠，严禁用导线缠绕）。

（8）试验结束时，应拆除自装的接地线、短路线等，检查、清理现场，清点试验设备和试验工具。

（9）试验现场有带电运行设备，为防止高压感应电对设备及人员的损害，设备接地点必须可靠接地，在更换、连接高压侧接线前，还应将被试互感器高压侧短路接地。

（10）测试工作完毕后应按原样恢复所有接线，工作负责人会同被试单位指定的责任人检查无误后，办理工作终结手续并立即撤离工作现场。

2. 作业项目、工艺要求及质量标准

电流互感器现场校验作业要求及步骤可按表6-6进行。

表6-6　电流互感器现场校验作业要求及步骤

作业步骤	工序、工艺标准和质量要求
外观检查	●无铭牌或铭牌中缺少必要的标记，为不合格； ●接线端钮缺少、损坏或无标记，为不合格； ●多变比互感器未标不同变比的接线方式
误差测量	●测量的误差严格按照规程规定的方法进行； ●误差测试过程中对可疑误差应进行多次测试
机构箱清扫、检查	机构箱清扫、检查，无遗留工器具、灰尘、废弃物
现场清理，会同有关人员进行验收	清理工作现场，将工器具全部收拢并清点，废弃物按相关规定处理，材料及备品备件回收清点，并撤离工作现场，会同运行、检修人员共同验收合格后，将检修设备的状态恢复至工作许可时状态，办理工作终结手续

第4节　现场作业安全保障及风险分析

一、作业安全保障

电流互感器现场校验是电能计量管理的重要环节，是保证电能计量装置正常准确运行的一种有效方法。为了保证电流互感器现场校验工作的安全有序开展，现场校验必须严格遵守《电业安全工作规程》，工作前办理工作票，履行好工作许可手续，向工作班成员做好安全技术交底，严禁酒后作业和疲劳作业。在作业过程中，严禁走错间隔、误碰带电设备，使用工具必须经过绝缘处理，防止电流互感器二次回路开路。

二、风险分析及控制

电流互感器现场校验风险点分析及控制措施如表6－7所示。

表6－7　电流互感器现场校验风险点分析及控制措施

序号	作业内容	危险点	控制措施
1	电流互感器现场校验	触电	1. 接试验电源时应戴绝缘手套，在不能确定是否带电时，应将设备视为带电设备； 2. 更换接线或试验结束时，应断开电源； 3. 更换或拆除高压侧接线前，应将被试互感器高压侧短路接地； 4. 与带电部分保持足够的安全距离； 5. 装设遮拦或围栏，并悬挂标志牌； 6. 具有多个二次绕组的电流互感器，对一个绕组试验时，必须将其余二次绕组两端短路； 7. 搬运梯子等长物件时，必须两人搬运，并注意安全距离
2	保护动作		现场校验前应退出相关保护回路，并将互感器所有二次绕组与二次回路断开
3	高空作业	高空坠落	登高作业必须使用安全带
		高空坠物	工作现场不得上下抛掷物件
4	搬运	摔坏，误碰设备	小心，轻提轻放，兼顾左右
5	接线	误接二次线	拆线前做好标记和记录

附件　电流互感器现场误差测试记录

电流互感器误差现场测试记录

设备型号：_____　　出厂日期：_____　　生产厂家：_____

二次负荷：_____　　额定电压：_____　　功率因数：_____

额定变比：_____　　精度等级：_____　　绕组名称：_____

标准设备信息

设备名称	厂家	型号	出厂编号	等级	选择
便携式电流互感器现校仪	红相	590C – 1	5040	0.1	□
便携式电流互感器现场测试仪	华瑞测控	HGQL – H +	JF006	0.05	□
便携式电流互感器现校仪	红相	590G – V2	6464	0.05	□

现场测试记录

	出厂编号	IP/IN/%	1	5	20	100	120	二次负荷	
A		$f/\%$						V · A	
		$\delta/$ （′）						V · A	
		$f/\%$						V · A	cos =
		$\delta/$ （′）						V · A	
C		$f/\%$						V · A	
		$\delta/$ （′）						V · A	
		$f/\%$						V · A	
		$\delta/$ （′）						V · A	

第7章

电压互感器现场校验

提示：本章主要介绍电压互感器现场校验的管理和技术、现场校验的方法、作业流程及校验过程中的危险点分析，通过本章知识学习，了解电压互感器现场校验的目的及意义，规范电压互感器现场校验流程，为电能计量装置的全生命周期管理打下坚实的基础。

第1节　电压互感器现场校验管理

一、电压互感器现场校验的定义和目的

定义：对运行一定时间的电压互感器在现场进行比差及角差的测量。

目的：定期检查计量用电压互感器运行情况，确保电压互感器安全、稳定、准确地运行。

二、电压互感器现场校验计划的编制

1. 计划编制的依从性

电压互感器周期校验计划的编制以 DL/T 448—2016《电能计量装置技术管理规程》、JJG 314—2010《测量用电压互感器检定规程》为依据，其校验周期确定为：

（1）新安装或检修后的电压互感器必须进行现场校验；

（2）对测量用电压互感器，每10年至少要进行一次现场校验。

2. 计划编制的原则性

电压互感器周期校验计划的编制应按照电压互感器首次检定的时间，根据检定周期依次顺推，同时兼顾调度年度停电计划，综合分析考虑即可得出年度电压互感器周期校验计划。

3. 计划编制的规范性

电压互感器现场校验计划的编制应按照前次校验时间、校验周期及主设备检修计划综合考虑，其计划模板如表7-1所示。

表 7 - 1　电压互感器现场校验计划的编制模板

序号	现校月份	变电站/客户	线路名称	类别	编号	型号	厂家	精度	有效期	计划停电时间

编制好的现场校验计划应上报同级设备部、电力调度管理部门或上级业务主管部门进行审核。审核工作要求应满足计量装置现场校验规定的时间要求，同时应能保证完成校验任务，合理安排工作量，确保计划的正确性及可行性。

三、电压互感器现场校验计划的执行

编制好的电压互感器现场校验计划应根据每月工作计划按期执行。在上月末将下月电压互感器现场校验计划提交设备部、电力调度管理部门及上级业务主管部门审批，通过审批后，按照预计的计划停电时间填报停电申请，根据批准停电时间开展现场校验工作。在计划执行过程中，应明确工作时间、工作负责人及工作任务。

四、资料归档

（1）及时更新档案，在计量装置档案中录入本次校验误差数据。

（2）在生产管理系统中录入相关数据。

（3）运用计算机对电能表校验记录进行管理，实现与相关专业的信息共享，并应用计算机对电压互感器历次现场校验数据进行分析，以考核其变化趋势。

（4）电压互感器现场校验应有可靠备份和用于长期保存的措施，并能方便地进行用户类别、计量器具分类的查询统计。

（5）纸质原始记录应至少保存 3 个检定周期。

第 2 节　电压互感器现场校验技术

一、相关定义

电压误差（比值差）：互感器在测量电压时所出现的误差，它是由于实际电压比与额定电压比不相等造成的。

电压误差的百分值用下式表示：

$$电压误差 = \left[(K_n U_s - U_p) / U_p \right] \times 100\%$$

式中：K_n——额定电压比；

$\quad\quad U_p$——实际一次电压；

$\quad\quad U_s$——测量条件下，施加 U_p 时的实际二次电压。

相位差：一次电压与二次电压相量的相位差，相量方向是以理想互感器中的相位差

为零来决定的。若二次电压相量超前一次电压相量时，相位差作为正值。通常用分（′）表示。

二、电压互感器现场校验的要求

1. 工作条件

工作条件应满足下列要求：

（1）环境温度：10～35℃，相对湿度小于85%；

（2）用于检定的设备如升压器、调压器等的电磁场所引起的测量误差应不大于被检电压互感器误差限值的1/10，由外界电磁场引起的测量误差应不大于被检电压互感器误差限值的1/20。

2. 标准装置条件

（1）必须具备运输和保管中的防尘、防潮和防震措施；

（2）标准电压互感器的准确度级别应比被检高2个等级或以上，具有与被试设备相同的变比。

3. 原始记录要求

电压互感器现场误差测试记录见附件。现场校验数据填写应清晰完整，应满足中国南方电网有限责任公司实验室管理办法相关要求。

（1）原始记录的修改要求采用杠改的方式进行，在被杠改的数据上打一条横线，然后在其上方或下方工整地写上数据，并由杠改人签字，注明杠改日期；

（2）原始数据不得化整；

（3）各种原始记录须经校验员、核验员签名。

三、电压互感器现场校验的工作内容

1. 工作内容

包括直观检查、绕组的极性检查、计量绕组的误差测量、出具测试报告。

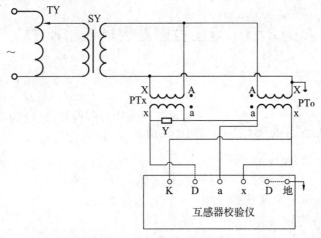

图7-1 电压互感器现场校验接线图

2. 测试接线

如图7-1所示。TY为电源操作箱；SY为升压器；PTo为标准电压互感器；PYx为被校电压互感器；Y为电压负荷箱；A、X为电压互感器一次的对应端子；a、x为电压互感器二次的对应端子。

3. 电压互感器误差限值及试验条件

电压互感器现场校验误差限值及试验条件不能超过表7-2的要求，误差应按表7-3进行修约。当现场校验电压互感器误差超差时，需制定更换或改造计划，提交相关专业管理部门，并在下一次主设备检修完成日期前解决。

表7-2　电压互感器误差限值及试验条件

准确度等级	$U_p/U_n/\%$	80	100	115（110）
0.5	比值差/%	±0.5	±0.5	±0.5
	相位差/（′）	±30	±30	±30
0.2	比值差/%	±0.2	±0.2	±0.2
	相位差/（′）	±10	±10	±10
0.1	比值差/%	±0.1	±0.1	±0.1
	相位差/（′）	±5	±5	±5

表7-3　误差修约间隔

准确度等级	1	0.5	0.2	0.1
比值差/%	±0.1	±0.05	±0.02	±0.01
相位差/（′）	±5	±2	±1	±0.5

4. 校验结果的处理

（1）电压互感器必须出具校验报告，给出修约后的校验数据，注明是否合格。

（2）校验报告和校验记录应保存至少3个周期。

（3）校验报告、校验记录都应由校验人员、核验人员签名。

第3节　电压互感器现场校验作业流程及规范

一、电压互感器现场校验工作前准备

1. 人员准备

现场校验工作人员必须持有相应级别的电压互感器计量检定员证，并熟练掌握现场校验的方法和技巧，熟悉有关二次回路；现场校验工作至少有2名人员方能开展工作，进入工作现场，必须按规定着装、戴安全帽。

2. 资料准备

为顺利完成现场校验工作，工作负责人应了解工作地点环境情况，必要时应到现场进行勘测。查阅被校电压互感器相应的历史技术资料、图纸、使用说明书、厂家技术文件，准备好所需的试验记录。

3. 试验设备和工具准备。

如表7-4所示。

表7-4　试验设备及工器具

名称	数量	备注
标准电压互感器	1 台	比被检电流互感器高两个等级
互感器现场校验仪	1 台	等级：3 级
标准电容	1 台	
升压器	1 台	
调压器	1 台	
电抗器	1 台	
万用表	1 只	5A 以下
试验专用接线及各种配套接头	1 套	
专用电工工具	1 套	
电源线盘（板）	1 个	带漏电保护器
绝缘手套	2 双	
照明灯	1 只	

4. 办理变电第一种工作票

5. 填写二次回路措施单

二次回路措施单填写规范如表7-5所示。

表7-5　二次回路措施单填写规范

序号	执行	时间	安全技术措施内容	恢复	时间
01			拆除××kV××线电压互感器二次电流回路 A630、B630、		
			C630、N600 电压端子线头		
			以下空白		

6. 编制电压互感器现场校验作业指导书

二、电压互感器现场校验作业要求及步骤

1. 安全措施

（1）计量用电压互感器现场校验必须停电进行，试验人员不得少于两人；填用第一种工作票，并办理二次设备及回路工作安全技术措施单，现场工作开始前，应与值班人员履行工作许可手续，工作票许可后，工作负责人应前往工作地点，核实工作票

各项内容，并认真查对已做的安全措施和技术措施是否符合要求，认清设备名称，严防走错位置。

工作票上应包含下述安全措施：

a. 被校电压互感器必须与架空输电线路及其他设备隔离，并保持足够的安全距离，只允许避雷器、支柱绝缘子或隔离开关静触头与被校电压互感器连接；

b. 应取下电压互感器二次侧保险或断开空气断路器；

c. 断开有关隔离开关的操作机构电源，退出有关保护回路或装置；

d. 在被校电压互感器四周设置围栏，围栏上悬挂"止步，高压危险"标示牌，被校互感器构架上悬挂"在此工作"标示牌；

e. 在有关隔离开关操作机构箱或操作把手上悬挂"禁止合闸、有人工作"标示牌。

（2）进入试验现场应戴安全帽，登高作业必须使用安全带，并不得上下抛掷物件；现场搬运梯子时，应由两人搬运，并与带电部分保持足够的安全距离。

（3）现场工作负责人应指定一名有一定工作经验的人员担任安全监护人。安全监护人负责检查全部工作过程的安全性，一旦发现不安全因素，应立即通知暂停工作并向现场工作负责人报告，安全监护人不得从事现场实际操作。

（4）对被校互感器一、二次回路进行检查核对，确认无误后方可工作；试验中禁止电压互感器二次回路短路。

（5）在拆除被校电压互感器架空线高压引线前，必须先将架空线高压引线可靠接地，拆除后的高压引线应与被校电压互感器保持足够的安全距离，并可靠接地、紧固。

（6）试验前应将电压互感器所有二次接线端与二次回路断开，用绝缘胶布将接线头包好，并作记号，以便试验结束后恢复，该项工作按"二次设备及回路工作安全技术措施单"执行。

（7）电压互感器的高压尾端、金属外壳及其他应接地点必须可靠接地；在保证安全距离的条件下，高压引线应尽量短。试验现场有带电运行设备，为防止高压感应电对设备及人员的损害，试验设备接地点必须可靠接地。

（8）试验用电源必须由检修电源柜、试验电源柜或其他可用于该项试验的电源接入，严禁从运行设备上直接取电源，试验装置的电源开关应使用有明显断开的双极刀闸，刀闸应戴绝缘罩。试验装置的低压回路中应有两个串联开关，并加装过载自动掉闸装置。

（9）试验人员应站在绝缘垫上集中精力进行操作，在加压过程中，应有人监护并呼唱。变更结线或试验结束时，应首先断开试验电源，放电，并将试验设备及被试设备的高压部分短路接地。

（10）试验结束时，应拆除自装的接地线、短路线、高压引线等，检查、清理现场，清点试验设备和试验工具，避免将工具遗留在电压互感器上。

（11）测试工作完毕后应按原样恢复所有接线，工作负责人会同被试单位指定的责任人检查无误后，办理工作终结手续并立即撤离工作现场。

2. 作业项目、工艺要求及质量标准

电压互感器现场校验作业要求及步骤可按表7-6进行。

表7-6 电压互感器现场校验作业要求及步骤

作业步骤	工序、工艺标准和质量要求
外观检查	1. 无铭牌或铭牌中缺少必要的标记，为不合格； 2. 接线端钮缺少、损坏或无标记，为不合格
误差测量	1. 测量的误差严格按照规程规定的方法进行； 2. 误差测试过程中对可疑误差应进行多次测试
机构箱清扫、检查	机构箱清扫、检查，无遗留工器具、灰尘、废弃物
现场清理，会同有关人员进行验收	清理工作现场，将工器具全部收拢并清点，废弃物按相关规定处理，材料及备品备件回收清点，并撤离工作现场，会同运行、检修人员共同验收合格后，将检修设备的状态恢复至工作许可时状态，办理工作终结手续

第4节　现场作业安全保障及风险分析

一、作业安全保障

电压互感器现场校验是电能计量管理的重要环节，是保证电能计量装置正常准确运行的一种有效方法。为了保证电压互感器现场校验工作的安全有序开展，现场校验必须严格遵守《电业安全工作规程》，工作前办理工作票，履行好工作许可手续，向工作班成员做好安全技术交底，严禁酒后作业和疲劳作业。在作业过程中，严禁走错间隔、误碰带电设备，使用工具必须经过绝缘处理，防止电压互感器二次回路短路。

二、风险分析及控制

电压互感器现场校验风险点分析及控制措施如表7-7所示。

表7-7 电压互感器现场校验风险点分析及控制措施

序号	作业内容	危险点	控制措施
1	电压互感器现场校验	触电	1. 接试验电源时应戴绝缘手套，在不能确定是否带电时，应将设备视为带电设备； 2. 更换接线或试验结束时，应断开电源； 3. 更换或拆除高压侧接线前，应放电，并将被试互感器高压侧短路接地； 4. 与带电部分保持足够的安全距离； 5. 装设遮拦或围栏，并悬挂标志牌； 6. 确保被试电压互感器二次绕组与二次回路全部断开，并拆除二次电压保险或断开空气断路器等； 7. 搬运梯子等长物件时，必须两人搬运，并注意安全距离

序号	作业内容	危险点	控制措施
2	搬运	摔坏、误碰设备	小心，轻提轻放
3	高空作业	高空坠落	登高作业必须使用安全带
		高空坠物	工作现场不得上下抛掷物件
4	接线	误接二次线	拆线前做好标记和记录

附件　电压互感器现场误差测试记录

电压互感器误差现场测试记录

设备型号：_____　　出厂日期：_____　　生产厂家：_____

二次负荷：_____　　试验频率：_____　　功率因数：_____

电压变比：_____　　精度等级：_____　　绕组名称：_____

标准设备信息

设备名称	厂家	型号	出厂编号	等级	选择
便携式电流互感器现校仪	红相	590C－1	5040	0.1	☐
便携式电压互感器现校仪	红相	590D	5060	0.1	
便携式电压互感器现场测试仪	华瑞测控	HGQY－H	HJ001	0.05	☐

现场测试记录

	出厂编号	IP/IN/%	80	100	120	二次负荷	
A		f/%				V·A	
		δ/ (′)					
		f/%				V·A	
		δ/ (′)					cos =
C		f/%				V·A	
		δ/ (′)					
		f/%				V·A	
		δ/ (′)					

试验人员：_____　　核验人：_____　　结论及说明：_____

第8章

二次压降、负荷测试

提示：本章简要介绍电压互感器（PT）二次回路电压降现场测试、电流互感器（CT）二次负荷测试的原理及测试方法校验过程中的危险点分析，通过本章知识学习，了解电压互感器二次回路电压降现场测试、电流互感器二次负荷测试的目的及意义，规范二次压降、二次负荷测试流程，及时跟踪二次压降及二次负荷。

第1节　二次压降测试

一、PT 二次压降产生的原因及二次压降测试的目的

原因：安装运行于电厂和变电站中的电压互感器往往离控制室配电盘上仪表有较远的距离，它们之间的二次导线较长，而且二次回路中还有各种接点，这样在二次回路中就会有阻抗的存在；另外由于 PT 二次回路的末端或中间部位会接有各种负载，这样就会在 PT 二次回路中产生电流。根据欧姆定律，有了电流和阻抗就会产生电压，这是产生二次压降的原因。

目的：电力系统电能计量装置综合误差由电压互感器误差、电流互感器误差、电能表误差以及电压互感器二次回路压降引起的误差等四部分组成。其中，电压互感器二次回路压降所引起的误差往往是最大的，是电能计量综合误差的主要来源，因此有必要对电压互感器二次压降定期进行测试。

二、PT 二次压降测试计划的编制

1. 计划编制的依从性

PT 二次压降测试计划的编制以 DL/T 448—2016《电能计量装置技术管理规程》为依据，其校验周期可确定为：对 35kV 及以上电压互感器二次回路电压降，至少每 2 年检验一次。

2. 计划编制的原则性

PT 二次压降测试计划的编制应尽量考虑人力、物力及人机功效等因素，按照变电站和客户计量点数量，分片区编制校验计划。对测试周期有调整的，可以书面上报同级设备部及上级计量业务主管部门，获批后方可按照测试周期调整测试计划。

3. 计划编制的规范性

PT 二次压降测试计划的编制可以按片区进行划分，然后再在具体片区范围内进行

细化，其片区模板、计划模板如表 8－1、表 8－2 所示。

表 8－1　片区编制模板

××××年 PT 二次压降测试片区划分			
一片区 （××片区××月）	二片区 （××片区××月）	三片区 （××片区××月）	四片区 （××片区××月）

表 8－2　计划编制模板

序号	测试月份	变电站/客户	线路名称	类别	编号	型号	二次容量	额定电压	精度	有效期	性质

　　编制好的测试计划应上报同级设备部或上级业务主管部门进行审核。审核工作要求应满足计量装置现场校验规定的时间要求，同时应能保证完成测试任务，合理安排工作量，确保计划的正确性及可行性。

三、PT 二次压降测试计划的执行

　　编制好的 PT 二次压降测试应根据每月工作计划按期执行。在上月末将下月 PT 二次压降测试提交设备部及上级业务主管部门审批，通过审批后，班组根据工作安排，开展本月 PT 二次压降测试。在计划执行过程中，应明确工作时间、工作负责人及工作任务。

四、资料归档

　　（1）及时更新档案，在计量装置档案中录入本次测试误差数据。

　　（2）在生产管理系统中录入相关数据。

　　（3）运用计算机对 PT 二次压降测试记录进行管理，实现与相关专业的信息共享，并应用计算机对 PT 二次压降历次现场测试数据进行分析，以考核其变化趋势。

　　（4）PT 二次压降测试应有可靠备份和用于长期保存的措施，并能方便地进行用户类别、计量器具分类的查询统计。

　　（5）纸质原始记录应至少保存 3 个检定周期。

五、PT 二次压降测试方法

　　PT 二次压降的测试方法可分为直接测量法和间接测量法。本书只介绍直接测量法，直接测量法是用电压互感器二次回路压降测试仪测出电能表端电压相对于电压互感器二次端电压的比差 f_{ab} 与 f_{cb}（或 f_a、f_b、f_c），角差 δ_{ab} 与 δ_{cb}（或 δ_a、δ_b、δ_c），通过公式计算出电压互感器二次回路压降 ΔU_{ab} 与 ΔU_{cb}（或 ΔU_a、ΔU_b、ΔU_c）之值。其测试原理图如图 8－1、图 8－2 所示。

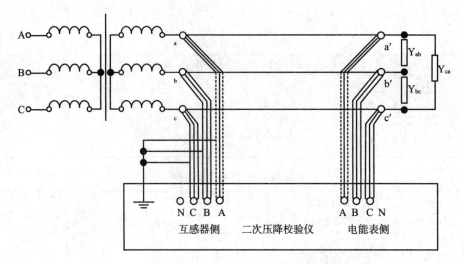

图 8-1　三相三线计量方式下二次压降测试原理接线图

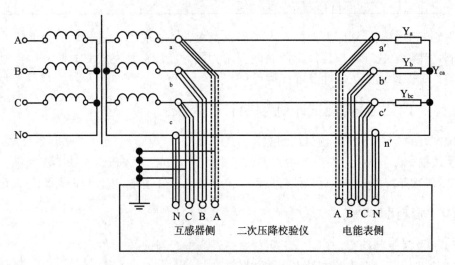

图 8-2　三相四线计量方式下二次压降测试原理接线图

1. 三相三线计量方式二次压降计算公式

将校验仪测得的比差 f_{ab} 与 f_{cb} 及角差 δ_{ab} 与 δ_{cb} 代入下式即可求得 PT 二次压降 ΔU_{ab} 与 ΔU_{cb} 的值。

$$\Delta U_{ab} = \frac{U_{ab}}{100} \times \sqrt{f_{ab}{}^2 + (0.0291\delta_{ab})^2}$$

$$\Delta U_{cb} = \frac{U_{cb}}{100} \times \sqrt{f_{cb}{}^2 + (0.0291\delta_{cb})^2}$$

2. 三相四线计量方式二次压降计算公式

将校验仪测得的比差 f_a、f_b、f_c 及角差 δ_a、δ_b、δ_c 代入下式即可求得 PT 二次压降 ΔU_a、ΔU_b、ΔU_c 的值。

$$\Delta U_a = \frac{U_a}{100} \times \sqrt{f_a{}^2 + (0.0291\delta_a)^2}$$

$$\Delta U_{b} = \frac{U_{b}}{100} \times \sqrt{f_{b}^{2} + (0.0291\delta_{b})^{2}}$$

$$\Delta U_{c} = \frac{U_{c}}{100} \times \sqrt{f_{c}^{2} + (0.0291\delta_{c})^{2}}$$

3. 电压互感器二次回路电压降相对值的计算式

$$\varepsilon_{\Delta U} = \sqrt{f^{2} + (0.0291\delta)^{2}} \times 100\%$$

六、PT 二次压降测试的要求

1. 工作条件

工作条件应满足下列要求：

（1）压降测试仪等级不应低于 2 级，基本误差应包含测试引线所带来的附加误差；

（2）压降测试仪的分辨率应不低于 $f = 0.01\%$，$\delta = 0.01'$；

（3）压降测试仪的工作回路（接地的除外）对金属面板及金属外壳之间的绝缘电阻不应低于 20MΩ，工作时不接地的回路（包括交流电源插座）对金属外壳应能承受有效值为 1.5kV 的 50Hz 正弦波电压 1min 耐压试验；

（4）压降测试仪对被测试回路带来的负荷最大不超过 1VA。

2. 原始记录要求

现场测试数据填写应清晰完整，应满足中国南方电网有限责任公司实验室管理办法相关要求。

（1）原始记录的修改要求采用杠改的方式进行，在被杠改的数据上打一条横线，然后在其上方或下方工整地写上数据，并由杠改人签字，注明杠改日期；

（2）原始数据不得化整；

（3）各种原始记录应经校验员、核验员签名。

七、PT 二次压降测试的工作内容

1. 工作内容

三相三线方式（或三相四线方式）下，二次回路压降误差及其分量测量；出具测试报告。

2. 误差数据处理

PT 二次回路压降测试误差应按表 8 - 3 进行修约，其相对限值不能超过表 8 - 4 的要求。当二次回路电压降超过应及时查明原因，并在一个月内提交整改建议书报变电运行管理部门。

表 8 - 3 电压互感器二次回路压降的修约间隔

电能计量装置类型	相对限值/%
I 类、II 类	0.02
其他	0.05

表8-4 电压互感器二次回路压降的相对限值

电能计量装置类型	相对限值/%
Ⅰ类、Ⅱ类	0.2
其他	0.5

第2节 二次负荷测试

一、互感器二次负荷在线测试的重要性

电压互感器（PT）和电流互感器（CT）是电能计量装置的重要组成部分，其运行状态和误差直接关系到整个电能计量装置的准确性。

任何互感器都有规定的工作范围和负载范围，只有工作在这个范围内才能保证互感器的标称准确度；另外，电压互感器的二次负荷过重也是造成其二次回路压降增大的最直接原因。所以开展互感器二次负荷的现场测试工作，及时掌握互感器的二次回路的实际负荷，对提高电能计量装置的管理水平有非常重要的意义。

二、互感器二次负荷测试计划的编制

1. 计划编制的依从性

电力系统使用的电流互感器、电压互感器二次负载每8年至少检验1次（二次回路变动时应测试），因此，互感器二次负荷测试周期可确定为8年。

2. 计划编制的原则性

互感器二次负荷测试计划的编制应尽量考虑人力、物力及人机功效等因素，按照变电站和客户计量点数量，分片区编制测试计划。对测试周期有调整的，可以书面上报同级设备部及上级计量业务主管部门，获批后方可按照校验周期调整测试计划。

3. 计划编制的规范性

互感器二次负荷测试计划的编制可以按片区进行划分，然后再在具体片区范围内进行细化，其计划模板如表8-5、表8-6所示。

表8-5 片区编制模板

××××年互感器二次负荷测试片区划分			
一片区 （××片区××月）	二片区 （××片区××月）	三片区 （××片区××月）	四片区 （××片区××月）

表8-6 计划编制模板

序号	测试月份	变电站/客户	线路名称	类别	编号	型号	二次容量	额定电压	精度	有效期	性质

编制好的测试计划应上报同级设备部或上级业务主管部门进行审核。审核工作要求应满足计量装置现场测试规定的时间要求，同时应能保证完成测试任务，合理安排工作量，确保计划的正确性及可行性。

三、互感器二次负荷测试计划的执行

编制好的互感器二次负荷测试应根据每月工作计划按期执行。在上月末将下月互感器二次负荷测试提交设备部及上级业务主管部门审批，通过审批后，班组根据工作安排，开展本月互感器二次负荷测试。在计划执行过程中，应明确工作时间、工作负责人及工作任务。

四、资料归档

（1）及时更新档案，在计量装置档案中录入本次测试误差数据。

（2）在生产管理系统中录入相关数据。

（3）运用计算机对互感器二次负荷测试记录进行管理，实现与相关专业的信息共享，并应用计算机对互感器二次负荷历次现场测试数据进行分析，以考核其变化趋势。

（4）互感器二次负荷测试应有可靠备份和用于长期保存的措施，并能方便地进行用户类别、计量器具分类的查询统计。

（5）纸质原始记录应至少保存 3 个检定周期。

五、互感器二次负荷测试方法

1. 相关定义

电压互感器二次实际负荷：电压互感器二次实际负荷指电压互感器在实际运行中，二次绕组所接的总导纳 Y，按 $S = U_{2e}^2 \times Y$ 折算成伏安值。

电流互感器二次实际负荷：电流互感器二次实际负荷指电流互感器在实际运行中，二次绕组所接的总有效阻抗 Z，按 $S = I_{2e}^2 \times Z$ 折算成伏安值。

2. 测试方法

（1）电流互感器二次实际负荷测试

a. 使用互感器二次负荷测试仪或互感器校验仪进行测试。推荐使用互感器二次负荷测试仪。

b. 通过测量电流互感器二次回路的端口电压与回路电流的向量比（即回路等效阻抗 Z），然后按 $S = I_{2e}^2 \times Z$ 折算成伏安值，即为电流互感器二次绕组实际负荷。可以在停电状态和运行状态时进行测量。

图 8-3 给出设备停电使用 CT 二次负荷测试仪测试从 CT 端子箱至电能表段回路实际阻抗接线图。在 CT 端子箱处断开 CT 二次回路电流联片，用三相电流发生器给回路加不超过 CT 额定二次电流的三相对称电流，将 CT 二次负荷测试仪的电压输入导线夹接到二次回路端（an、bn、cn），将电流钳钳到相应的 a、b、c 线上，然后操作仪器进行测量、读数，试验逐相进行。测量 CT 接线盒至 CT 端子箱段回路阻抗的方法与之相同，只需在 A、B、C 三相 CT 接线盒处用短导线将 CT 的计量二次绕组短接，即可按同

样的方法进行测试。CT 端子箱至电能表段回路和 CT 接线盒至 CT 端子箱段回路的等效阻抗值之和即为 CT 二次回路的总等效阻抗值，按 $S = I_{2e}^2 \times Z$ 折算成伏安值，即为 CT 二次绕组实际负荷。也可以使用互感器校验仪的阻抗测量功能进行回路等效阻抗测试，在加三相对称电流的情况下，将所测量相的电流接入校验仪工作电流回路（ToTx），将回路端口电压接入校验仪差压回路（参照说明书），即可逐相进行测试。

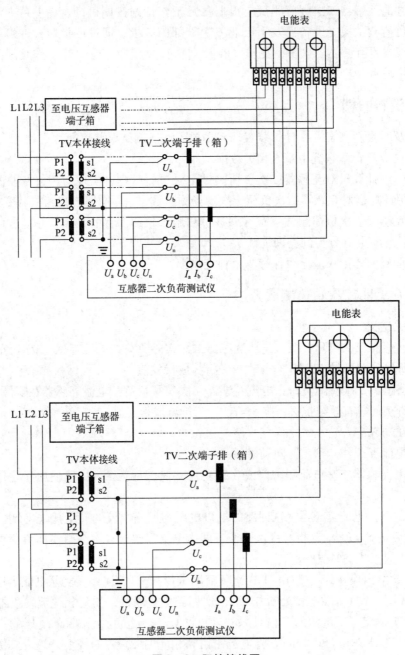

图 8 - 3　阻抗接线图

在设备运行状态时进行测试，直接使用互感器二次负荷测试仪进行测试。设备带电时进行测试不能对 CT 接线盒至 CT 端子箱段回路阻抗进行测量。

（2）电压互感器二次实际负荷测试

a. 使用互感器二次负荷测试仪或互感器校验仪进行测试。推荐使用互感器二次负荷测试仪。

b. 通过测量电压互感器二次回路的回路电流与端口电压的向量比（即回路等效导纳 Y），然后按 $S = U_{2e}^2 \times Y$ 折算成伏安值即为电压互感器二次绕组实际负荷。可停电和带电状态下进行测试。

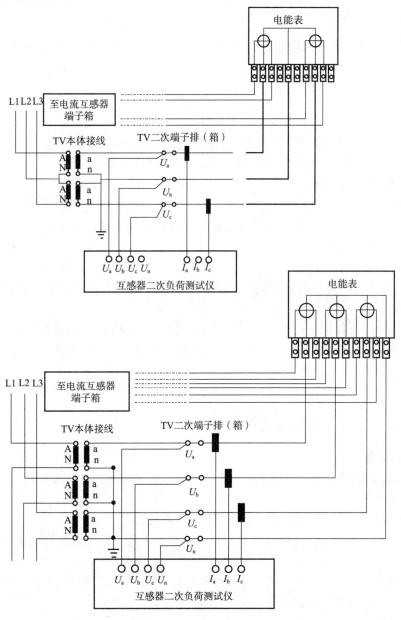

图 8-4　负荷接线图

图 8－4 给出在设备停电时使用 PT 二次负荷测试仪测试 PT 二次绕组实际负荷接线图。在 PT 端子箱处断开电压连片，用三相电压发生器给回路加不超过 PT 额定二次电压的三相对称电压，将 PT 二次负荷测试仪的电压输入导线夹接到二次回路端口（an、bn、cn），将电流钳钳到相应的 a、b、c 线上，然后操作仪器进行测量、读数，试验逐相进行。按 $S = U_{2e}^2 \times Y$ 折算成伏安值即为 PT 二次绕组实际负荷。也可以使用互感器校验仪的导纳测量功能进行回路等效导纳测试，在加三相对称电压的情况下，将所测量相的电压接入校验仪工作电压回路，将回路端口电压接入校验仪差压回路（参照说明书），即可逐相进行测试。设备带电时进行测试，直接使用互感器二次负荷测试仪参照以上的方法进行测试。

六、互感器二次负荷测试的要求

1. 工作条件

工作条件应满足下列要求：

（1）温度：10～35℃，湿度不大于 80%；

（2）互感器二次负荷测试仪准确度等级不应低于 2.0 级；

（3）测试仪具备运输和保管中的防尘、防潮和防震措施；

（4）进入现场工作前，应对校验装置通电检查，保证设备状况良好；

（5）标准装置接入电路的通电预热时间，应严格遵照使用说明中的要求；

（6）测试仪和试验端子之间的连接导线应有良好的绝缘，中间不允许有接头，并应有明显的极性和相别标志。

2. 原始记录要求

现场测试数据填写应清晰完整，应满足中国南方电网有限责任公司实验室管理办法相关要求。

（1）原始记录的修改要求采用杠改的方式进行，在被杠改的数据上打一条横线，然后在其上方或下方工整地写上数据，并由杠改人签字，注明杠改日期；

（2）原始数据不得化整；

（3）各种原始记录须经校验员、核验员签名。

七、互感器二次负荷测试的工作内容

1. 工作内容

包括电流互感器二次负载测试、电压互感器二次负载测试、出具测试报告。

2. 结果处理

（1）电流互感器二次绕组实际负荷测试结果处理

a. 按 $S = I_{2e}^2 \times Z$ 将二次回路等效阻抗值折算成电流互感器二次绕组实际二次负荷伏安值。

b. 判断电流互感器二次绕组实际负荷是否处于额定二次负荷的 25%～100% 范围。

c. 有要求时出具测试报告。

（2）电压互感器二次绕组实际负荷测试结果处理

a. 按 $S = U_{2e}^2 \times Y$ 将二次回路等效导纳折算成电压互感器二次绕组实际二次负荷伏安值。

b. 判断电压互感器二次绕组实际负荷是否处于 2.5V·A 至额定二次负荷之间范围。

c. 有要求时出具测试报告。

校验不合格的电压互感器、电流互感器二次负载，应及时对电压互感器、电流互感器二次回路进行整改。

第 3 节　二次压降、二次负荷测试作业流程及规范

一、PT 二次压降测试作业流程及规范

1. 测试工作前准备

（1）现场校验工作人员应熟练掌握现场校验电压互感器二次回路导线压降的方法和技能；现场校验工作至少由 2 名人员方能开展工作；进入工作现场，必须按规定着装、戴安全帽。

（2）试验设备和工具准备如表 8-7 所示。

表 8-7　电压互感器二次压降测试作业所需工器具配置表

名称	数量	备注
电压互感器二次回路压降测试仪	1 套	准确度等级不低于 2.0 级
万用表	1 只	
试电笔	1 只	低压型
试验专用接线及各种配套接头	1 套	
专用电工工具	1 套	
电源线盘（板）	1 个	带漏电保护器
照明灯	1 只	

（3）办理工作票。

（4）填写二次回路措施单。

（5）编制电压互感器二次压降测试作业指导书。

2. PT 二次压降测试作业工艺要求

（1）标准装置应安放在相对宽阔、安全的地方，标准装置放置应稳定、可靠；

（2）必须将测试导线固定好，防止因连接导线脱落造成断路、短路等故障；

（3）在测运行电压互感器二次压降时，电压回路直接接入应将连接导线的插头分别固定在电压互感器和电能表侧电压端子上，注意连接导线的极性端。

二、PT 二次负荷测试作业流程及规范

1. 测试工作前准备

（1）现场校验工作人员应熟练掌握现场校验二次负载的方法和技能；现场校验工作至少由 2 名人员方能开展工作；进入工作现场，必须按规定着装、戴安全帽。

（2）试验设备和工具准备如表 8-8 所示。

表 8-8　电压互感器二次负荷测试作业所需工器具配置表

名称	数量	备注
二次负荷测试仪	1 套	准确度等级不低于 2.0 级
万用表	1 只	
试电笔	1 只	低压型
试验专用接线及各种配套接头	1 套	
专用电工工具	1 套	
电源线盘（板）	1 个	带漏电保护器
照明灯	1 只	

（3）办理工作票。

（4）填写二次回路措施单。

（5）编制互感器二次负荷测试作业指导书。

2. 互感器二次负荷测试作业工艺要求

（1）测试仪应安放在相对宽阔、安全的地方，测试仪放置应稳定、可靠，避免发生倒塌事故。

（2）必须将电压、电流连接导线固定好，防止因连接导线脱落造成断路、短路等故障。

（3）使用电流钳时动作要轻缓，严禁用力拉扯、撬动现场二次导线。

（4）若测试仪使用钳形夹测量电流，在将钳形夹嵌入运行的电流回路时，应保证钳形夹闭合良好，并防止二次电流回路开路。

第 4 节　现场作业安全保障及风险分析

一、作业安全保障

二次压降、二次负荷测试是电能计量管理的重要环节，是保证电能计量装置正常准确运行的一种有效方法。为了保证二次压降、二次负荷测试工作的安全有序开展，现场测试必须严格遵守《电业安全工作规程》，工作前办理工作票，履行好工作许可手续，向工作班成员做好安全技术交底，严禁酒后作业和疲劳作业。在作业过程中，严禁走错间隔、误碰带电设备，使用工具必须经过绝缘处理，防止电流互感器二次回路

开路，电压互感器二次回路短路或接地。

二、风险分析及控制

PT 二次压降测试风险点分析及控制措施如表 8－9 所示。

表 8－9　PT 二次压降测试风险点分析及控制措施

序号	安全风险	控制措施
1	人员低压触电	接入试验电源时，应使用带漏电保护器的电源插座和使用绝缘工具
2	走错间隔，误触带电设备	工作过程中，工作人员应明确工作任务及相邻设备的运行情况，不要接触与自己工作无关的设备
3	电压互感器二次回路短路或接地	测试导线必须有足够的绝缘强度，以防止对地短路。接线前必须事先检查一遍各测量导线的每芯间，芯与屏蔽层之间的绝缘情况

PT 二次负荷测试风险点分析及控制措施如表 8－10 所示。

表 8－10　PT 二次负荷测试风险点分析及控制措施

序号	安全风险	控制措施
1	人员低压触电	接入试验电源时，应使用带漏电保护器的电源插座和使用绝缘工具
2	走错间隔，误触带电设备	工作过程中，工作人员应明确工作任务及相邻设备的运行情况，不要接触与自己工作无关的设备
3	电流互感器二次回路开路	使用电流钳时动作要轻缓，严禁用力拉扯、撬动现场二次导线
4	电压互感器二次回路短路或接地	测试导线必须有足够的绝缘强度，以防止对地短路。接线前必须事先检查一遍各测量导线的每芯间，芯与屏蔽层之间的绝缘情况

第9章

电能计量装置接线检查

提示：本章主要阐述电能计量机构的工作职责，介绍电能计量装置运行与维护的具体作业事项，从电力系统角度解析电能计量的网络结构，从运维管理角度分析管哪些事务、做哪些工作。

第1节　三相三线电能表接线检查

一、相关知识

1. 相量图

三相三线有功电能表接线相量图如图9-1所示。

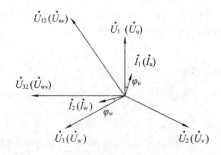

图9-1　三相三线有功电能表接线相量图

2. 功率表达式

$$P_1 = U_{uv}I_u\cos\ (30° + \varphi_u)\ ,\ P_2 = U_{wv}I_w\cos\ (30° - \varphi_w)$$

$$P_0 = P_1 + P_2 = U_{uv}I_u\cos\ (30° + \varphi_u)\ + U_{wv}I_w\cos\ (30° - \varphi_w)$$

$$= \sqrt{3}\,UI\cos\varphi\ (0°\leqslant\varphi\leqslant90°,\ -90°\leqslant\varphi\leqslant0°)$$

3. 电压互感器一、二次侧断线、二次侧极性反接情况的电路分析

表9-1列出了当一、二次侧断电压时，二次侧各相与相间电压的数值。表9-2给出了 V, v 接法电压互感器极性接反时的相量图及线电压。

表9-1 二次侧各相与相间电压

故障断线情况	故障断线接线图（实线为有功电能表，虚线为无功电能表）	PT一次、二次侧断线时二次侧电压/V								
		二次侧不接电能表（空载）			二次侧接一只有功电能表			二次侧接一只有功电能表和一只无功电能表		
		U_{uv}	U_{wv}	U_{wu}	U_{uv}	U_{wv}	U_{wu}	U_{uv}	U_{wv}	U_{wu}
一次侧U相断相		0	100	100	0	100	100	50	100	50
一次侧V相断相		50	50	100	50	50	100	50	50	100
一次侧W相断相		100	0	100	100	0	100	100	33	67
二次侧u相断相		0	100	0	0	100	100	50	100	50
二次侧v相断相		0	0	100	50	50	100	67	33	100
二次侧w相断相		100	0	0	100	0	100	100	33	67

注 有功和无功电能表的线圈阻抗按相同计算，电压互感器励磁阻抗也认为相等。

表9-2 V.v接法电压互感器极性接反时的相量图及线电压

极性接反相别	接线图	向量图	二次线电压/V
u相极性接反			$U_{uv}=100$ $U_{vw}=100$ $U_{wu}=173$

续表

极性接反相别	接线图	向量图	二次线电压/V
w 相极性接反			$U_{uv} = 100$ $U_{vw} = 100$ $U_{wu} = 173$
u、w 相极性都接反			$U_{uv} = 100$ $U_{vw} = 100$ $U_{wu} = 100$

4. 电流互感器短路、断路、反极性分析

电流互感器短路、断路的情况可以通过比对测量方法判断，并确定是哪一相然后恢复。判断方法是用钳形表分别测量电能表表尾电流和电流互感器二次侧端钮出线的电流（此处相序认为一定是正确的），若两者均为 0，则说明该相电流互感器断路；若电流互感器二次侧端钮出线的电流正常，而电能表表尾电流几乎为 0，则说明该相电流互感器短路。由于电流互感器采用的是 V/v_0 分开四线制连接方式，所以不应有 v 相 I_v 电流出现。根据电工知识有 $\dot{I}_u + \dot{I}_v + \dot{I}_w = 0$，即 $\dot{I}_u + \dot{I}_w = -\dot{I}_v$。极性正确时，有 $I_u = I_w = I_v$，若有一相极性接反，则有 $I_u + I_w = \sqrt{3} I_v$。如图 9 − 2 所示。

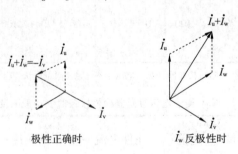

图 9 − 2　极性接法

5. 电流相别的判断

可根据所画两元件中电流 I_1、I_2 进行分析，依据负载的性质和功率因素（感性、$\cos\varphi > 0.5$），按照电流就近于相应相电压的原则（若有电流反极性，则靠近相电压的反向延长线）确定电流的相别。

二、测试步骤和方法

1. 测试数据

按表 9－3 测试各数据。

表 9－3　测试数据

电流/A	电压/V		角度/（°）		
I_1	U_{12}	U_{10}	$\dot{U}_{12}{}^{\wedge}\dot{I}_1$	$\dot{U}_{31}{}^{\wedge}\dot{I}_1$	$\dot{U}_{xv}{}^{\wedge}\dot{I}_1$
I_2	U_{32}	U_{20}	$\dot{U}_{12}{}^{\wedge}\dot{I}_2$	$\dot{U}_{31}{}^{\wedge}\dot{I}_2$	$\dot{U}_{yv}{}^{\wedge}\dot{I}_1$
$I_合$	U_{31}	U_{30}	$\dot{U}_{32}{}^{\wedge}\dot{I}_1$		$\dot{U}_{xv}{}^{\wedge}\dot{I}_2$
			$\dot{U}_{32}{}^{\wedge}\dot{I}_2$		$\dot{U}_{yv}{}^{\wedge}\dot{I}_2$

对初学者而言，建议测量表中所有的量，以便分析并熟悉各种向量角度关系；对熟练者而言，则可根据边测量边判断有选择的所需的量以便提高效率。

表 9－3 中，I_1 为第一元件电流回路的电流进线（或出线）有效值；I_2 为第二元件电流回路的电流进线（或出线）有效值；$I_合$ 为第一元件电流回路的电流进线和第二元件电流回路的电流进线合并测量的（或它们的出线）有效值。

电能表电压端钮从左到右依次记为 1 号、2 号、3 号端钮，则：

U_{12} 表示第 1 号端钮与第 2 号端钮间的电压有效值（即第一元件电压回路的电压有效值）；

U_{32} 表示第 3 号端钮与第 2 号端钮间的电压有效值（即第二元件电压回路的电压有效值）；

U_{31} 表示第 3 号端钮与第 1 号端钮间的电压有效值；

U_{10} 表示第 1 号端钮对地电压的有效值；

U_{20} 表示第 2 号端钮对地电压的有效值；

U_{30} 表示第 3 号端钮对地电压的有效值；

$\dot{U}_{12}{}^{\wedge}\dot{I}_1$ 表示第一元件电压向量 U_{12} 超前第一元件电流向量 I_1 的角度；

$\dot{U}_{12}{}^{\wedge}\dot{I}_2$ 表示第一元件电压向量 U_{12} 超前第二元件电流向量 I_2 的角度；

$\dot{U}_{32}{}^{\wedge}\dot{I}_1$ 表示第二元件电压向量 U_{32} 超前第一元件电流向量 I_1 的角度；

$\dot{U}_{32}{}^{\wedge}\dot{I}_2$ 表示第二元件电压向量 U_{32} 超前第二元件电流向量 I_2 的角度；

$\dot{U}_{31}{}^{\wedge}\dot{I}_1$ 表示电压向量 U_{31} 超前第一元件电流向量 I_1 的角度；

$\dot{U}_{31}{}^{\wedge}\dot{I}_2$ 表示电压向量 U_{31} 超前第二元件电流向量 I_2 的角度。

在通过分析 U_{10}、U_{20}、U_{30} 判断出 v 相电压后，再重新从左到右依次定义剩余的电压端钮为 x、y，测量下列数据：

$\dot{U}_{xv}{}^{\wedge}\dot{I}_1$ 表示电压向量 U_{xv} 超前第一元件电流向量 I_1 的角度；

$\dot{U}_{yv}{}^{\wedge}\dot{I}_1$ 表示电压向量 U_{yv} 超前第一元件电流向量 I_1 的角度；

$\dot{U}_{xv} \wedge \dot{I}_2$ 表示电压向量 U_{xv} 超前第二元件电流向量 I_2 的角度;

$\dot{U}_{yv} \wedge \dot{I}_2$ 表示电压向量 U_{yv} 超前第二元件电流向量 I_2 的角度;

2. 分析、判断

第 1 步:分析电流

若 $I_1 = I_2 = I_合 \neq 0$,则说明电流互感器极性正确或两个互感器极性均反、无短路、断路现象,接下来进行第 2 步分析;

若 $I_1 = I_2 \neq 0$、$I_合$ 为 I_1 或 I_2 的 $\sqrt{3}$ 倍,则说明电流互感器有一相极性接反,接下来进行第 2 步分析;

若 I_1、I_2 中有为 0 值的则说明该相断路;

若 I_1、I_2 中有为很小值(几乎为 0,但 $\neq 0$)的则说明该相短路。

第 2 步:分析电压(这里只考虑电压故障中仅有一相断线,且仅有 v 相接地的可能)

(1)分析 U_{10}、U_{20}、U_{30} 确定 v 相

若 U_{10}、U_{20}、U_{30} 中有且仅有一相为 0V,则可确定该为 0V 相对应的端钮为 v 相,且 v 相未断线并接地良好,接下来进行第 2 步的 2)分析;

若 U_{10}、U_{20}、U_{30} 全不为 0V,且其中三个值与线电压相近似,一个值与其他两个值相差较大,则可确定电压最小的所对应的端钮为 v 相,且 v 相断线可能性大,接下来进行第 2 步的 2)分析;

若 U_{10}、U_{20}、U_{30} 全不为 0,且三个电压值与相电压相近似,则可确定其中有一相电压值最小的相所对应的端钮为 v 相,且 v 相未接地,接下来进行第 2 步的 2)分析;

(2)分析 U_{12}、U_{32}、U_{31} 判断有无断相和反极性

若 U_{12}、U_{32}、U_{31} 均为线电压 100V,则电压互感器无断线、无极性反(或两个极性均反);

若 U_{12}、U_{32}、U_{31} 有一个为线电压 100V,另两个之和为 100V,则必有一相断线,其中电压为 100V 的电压向量所缺的端钮号为断线相(例如,测得其中 $U_{31} = 100V$,则 U_{31} 中缺少的 2 号端钮即为断线相)或两个电压之和为 100V 的电压向量所共有的端钮号为断线相(例如,$U_{12} = 33.3V$,$U_{32} = 66.7V$,$U_{12} + U_{32} = 100V$,U_{12}、U_{32} 共有 2 号端钮,则 2 号端钮为断线相);

若 U_{12}、U_{32}、U_{31} 有一个为 173V,另两个为 100V,则无断线,但有一相 TV 反极性;

若 U_{12}、U_{32}、U_{31} 有一个为 173V,另两个之和为 173V,则有一相 TV 反极性,且有一相断线,其中电压为 173V 的电压向量所缺的端钮号为断线相(假设 $U_{31} = 173V$,则 U_{31} 中缺少的 2 号端钮既为断线相)或两个电压之和为 173V 的电压向量所共有的端钮号为断线相(例如,$U_{12} = 115.3V$,$U_{32} = 57.7V$,$U_{12} + U_{32} = 173V$,U_{12}、U_{32} 共有 2 号端钮,则 2 号端钮为断线相);

第 3 步:通过相位夹角确定相序

根据第 1 步和第 2 步的分析情况,结合相位夹角确定相序和相别。

（1）当电流无短路、断路时

a. 电压无断路、反极性，只是相序错误

①根据测试结果确定电压相序，比较 $\dot{U}_{xv}{}^\wedge \dot{I}_1$、$\dot{U}_{yv}{}^\wedge \dot{I}_1$（或 $\dot{U}_{xv}{}^\wedge \dot{I}_2$、$\dot{U}_{yv}{}^\wedge \dot{I}_2$），若 $\dot{U}_{xv}{}^\wedge \dot{I}_1$ 超前 $\dot{U}_{yv}{}^\wedge \dot{I}_1$ 60°，则 x 为 w 相，y 为 u 相；若 $\dot{U}_{yv}{}^\wedge \dot{I}_1$ 超前 $\dot{U}_{xv}{}^\wedge \dot{I}_1$ 60°，则 y 为 w 相，x 为 u 相，如图 9-1 作出向量图，并根据第 2 步确定的 v 相标注上 u、v、w 相对应的端钮标号，然后作出 U_{12}、U_{32} 向量。

②根据所测数据画出 I_1、I_2 的向量；根据记录的 $\varphi_1 = \dot{U}_{12}{}^\wedge \dot{I}_1$ 在向量图上以 U_{12} 为基准，顺时针旋转 φ_1 角，由此得到第一元件通入的电流 I_1；同理根据 $\varphi_2 = \dot{U}_{12}{}^\wedge \dot{I}_2$ 得到第二元件所通入的电流 I_2。也可以以 U_{32} 为基准，根据 $\dot{U}_{32}{}^\wedge \dot{I}_1$、$\dot{U}_{32}{}^\wedge \dot{I}_2$ 来确定 I_1、I_2，并用其他角度来验证；

③根据所画两元件中电流 I_1、I_2 进行分析，依据负载的性质和功率因素（感性、$\cos\varphi > 0.5$）按照电流就近于相应相电压的原则（若有电流反极性，则靠近相电压的反向延长线）确定电流的相别。

b. 电压断线［根据第 1 步 1）、2）分析，确定出 v 相和断线相］

①根据测出的相对地电压 U_{10}、U_{20}、U_{30} 判断出 v 相，另外根据所测线电压 U_{12}、U_{32}、U_{31} 值来判断断线相，全电压（或称满电压即 100V）下标中不含有者为断线相；

②作出两个向量图，以定好的 v 相对应端钮为基准，分别按正序（顺时针）和反序（逆时针）标出端钮编号，按前述方法找出全压相与电流 I_1、I_2 的夹角，以全压相为基准分别在正序图和反序图中画出 I_1、I_2，依据电流就近相应相电压原则，比较两个向量图，观察 I_1、I_2 在哪个向量图上的位置分布更加合理（以不出现 v 相电流为合理），从而确定实际电流的相别。

③由于有一相断线，则从电压数据中不能确定 TV 是否还存在反极性，在不允许不恢复的情况下应分 TV 无极性反和有极性反两种情况分别分析，所以答案将有两种。

④若允许恢复，应在判断出断线相后恢复断线相并重新测量数据，然后按无断线方式分析判断。但在写功率表达式和求更正系数时仍应按断线时求取。

⑤由于有一相断线，根据电工学原理可知，非全压相所测的数据其实质是全压相在两块表的电压回路上的分压值，它们与全压相是方向相同、大小不等的向量。应注意它们与正确接线时的向量的本质区别。

⑥判断断相后，分析第一元件、第二元件电压。

电压互感器断线分一次侧断线和二次侧断线两种情况，可以通过测量电压互感器二次侧出线端钮间的电压 U_{uv} 和 U_{vw} 来判断。当 $U_{uv} = U_{vw} = 100V$ 时，则说明一次侧没有断线而是二次侧断线；当 U_{uv}、U_{vw} 中有一相不为 100V 时，则说明一次相应相断线。

当三相三线高压有功表和无功表机械表接于同一电路时，某一相电压断相，该电压并不为 0，而是由有功表和无功表内部电感线圈的分压来决定。

一次侧断线时，当一次侧断 U 相时，第一元件电压为 $U_{12} = 1/2 U_{32}$（这里认为，理论上各个电感线圈的阻抗是相等的，两个单相电压互感器励磁阻抗相等），第二元件电

压还为 U_{32}；当一次侧断 V 相时，第一元件电压 $U_{12} = 1/2U_{13}$，第二元件电压为 $U_{32} = 1/2U_{31}$；当一次侧断 W 相时，第一元件的电压还是 U_{12}，第二元件的电压 $U_{32} = 1/3U_{12}$。

二次侧断线时，当第一个表尾断相时，第一元件电压为 $U_{12} = 1/2U_{32}$（这里认为，理论上各个电感线圈的阻抗是相等的），第二元件电压还为 U_{32}；当第二个表尾断相时，第一元件电压 $U_{12} = 2/3U_{13}$，第二元件电压为 $U_{32} = 1/3U_{31}$；当第三个表尾断相时，第一元件的电压还是 U_{12}，第二元件的电压 $U_{32} = 1/3U_{12}$（具体分析见下面的有功表和无功表接于同一电路时的断相分析）。

c. 电压极性反（无断线）

①根据第 1 步、第 2 步的分析判断确定 v 相和反极性，然后以已确定的 v 相对应端钮为基准分别作出两个向量图，假定 U_{xv} 为 U_{uv} 和 U_{xv} 为 U_{wv} 两种情况，且该相极性正确，按 1）中的方法作出向量图，依据电流就近相应相电压的原则判别电流布局是否合理来确定 x 是 u 相还是 w 相，以确定好相别并在正确的图中标注端钮编号；

②由于仅有两台电压互感器，但以某一相为基准确定为正极性时，另一相则为反极性；同理，以另一相为基准定为正极性时，则相对应的则为反极性。故根据所选参考基准不同，可以分别作出两种不同组合方式，但其更正系数是相同的。两种形式均正确。

③由于有极性反接，分析第一元件电压 U_{12}、第二元件电压 U_{32} 时，应根据向量图实际作出的向量来写功率表达式。

（2）当电流有短路、断路时

应该通过比对测量判断出是短路还是断路，并确定是哪一相然后恢复。判断方法是用钳形表分别测量电能表表尾电流和电流互感器二次侧端钮出线的电流，若两者均为 0，则说明该相电流互感器断路；若电流互感器二次侧端钮出线的电流正常，而电能表表尾电流几乎为 0，则说明该相电流互感器短路。恢复后再按上述无短路、断路方法测量判断。由于电流互感器采用的是 V/v0 分开四线制连接方式，所以不应有 V 相 I_v 电流出现。根据电工知识有 $\dot{I}_u + \dot{I}_v + \dot{I}_w = 0$，即 $\dot{I}_u + \dot{I}_w = -\dot{I}_v$。极性正确时有 $I_u = I_w = I_v$，若有一相极性接反则有 $I_u + I_w = \sqrt{3} I_v$。如出现相电流极性反，测量相应元件进出电流线的对地电压来判断哪种极性反。

①TA 极性反与表尾反的区别：即 TA 极性反是指从 TA 二次侧出线端 K1、K2 与联合接线盒之间的电流线接反；表尾反是指从 TA 二次侧出线 K1、K2 未接反，只是从联合接线盒到有功电能表的电流进出线接反；

②相电流进线对地电压 > 相电流出线对地电压，则为 TA 极性反；

③相电流进线对地电压 < 相电流出线对地电压，则为电流表尾反。

第 4 步：正确描述故障结果

（1）电压相序；

（2）电压互感器一次侧（二次侧）断相；

（3）电压互感器极性反；

（4）电流相序；

（5）电流短路；

（6）电流断相；

（7）电流互感器反极性；

（8）电流表尾反。

第 5 步：写出各元件功率表达式及总的功率表达式

$$P_1{'} = U_{12}I_1\cos\varphi_1, \quad P_2{'} = U_{32}I_2\cos\varphi_2$$

$$P_0{'} = P_1{'} + P_2{'} = U_{12}I_1\cos\varphi_1 + U_{32}I_2\cos\varphi_2$$

第 6 步：求出更正系数 K

$$K = P_0/P'$$

以下举例说明。

实例一：仅相序错误

电流/A		电压/V				角度/（°）					
I_1	1.48	U_{12}	98.7	U_{10}	0.0	$\dot{U}_{12}{}^{\wedge}\dot{I}_1$	290	$\dot{U}_{31}{}^{\wedge}\dot{I}_1$	50	$\dot{U}_{xv}{}^{\wedge}\dot{I}_1$	110
I_2	1.47	U_{32}	97.0	U_{20}	98.9	$\dot{U}_{12}{}^{\wedge}\dot{I}_2$	350	$\dot{U}_{31}{}^{\wedge}\dot{I}_2$	110	$\dot{U}_{yv}{}^{\wedge}\dot{I}_1$	50
$I_合$	2.56	U_{31}	99.3	U_{30}	99.1	$\dot{U}_{32}{}^{\wedge}\dot{I}_1$	350			$\dot{U}_{xv}{}^{\wedge}\dot{I}_2$	110
						$\dot{U}_{32}{}^{\wedge}\dot{I}_2$	50			$\dot{U}_{yv}{}^{\wedge}\dot{I}_2$	170

分析：

第 1 步：分析电流

由于 $I_1 = I_2 \neq 0$，$I_合$ 为 I_1 或 I_2 的 $\sqrt{3}$ 倍，则说明电流互感器有一相极性接反。

第 2 步：分析电压

（1）由于 U_{10}、U_{20}、U_{30} 中有，且仅有 U_{10} 相为 01，则可确定 1 号端钮为 v 相，且 v 相未断线并接地良好。剩下的端钮 2 号、3 号分别记为 "x" "y"。

（2）U_{12}、U_{32}、U_{31} 均近似为线电压 100V，则电压互感器无断线、无极性反（或两个极性均反）。

第 3 步：通过相位夹角确定相序

（1）比较 $U_{xv}I_1$、$U_{yv}I_1$、$U_{yv}I_1$ 滞后 $U_{xv}I_1$ 60°，则 y 即 3 号为 u 相，x 即 2 号为 w 相，如图 9-3 作出向量图并标注上 u、v、w 相对应的端钮标号，然后作出 U_{12}、U_{32} 向量。

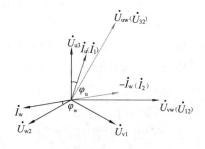

图 9-3　向量图

（2）根据所测数据画出 I_1、I_2 的向量；根据记录的 $\varphi_1 = U_{12}I_1 = 290°$ 在向量图上以

U_{12} 为基准，顺时针旋转 φ_1 角，由此得到第一元件通入的电流 I_1；同理，根据 $\varphi_2 = U_{12}I_2 = 350°$，得到第二元件所通入的电流 I_2。

（3）根据所画两元件中电流 I_1、I_2 进行分析，依据负载的性质和功率因素（感性、$\cos\varphi > 0.5$）由于电流 I_1 就近于 U_u 相电压、电流 I_2 反向延长线就近于 U_w 相电压，电流分布合理，故可判断确定电流的相别 $I_1 = I_u$、$I_2 = -I_w$。也可以以 U_{32} 为基准，根据 $U_{32}I_1$、$U_{32}I_2$ 来确定 I_1、I_2，并用其他角度来验证。

第 4 步：正确描述故障结果

（1）电压相序：v、w、u；

（2）电流相序：I_u、I_w；

（3）电流互感器反极性：TA2 极性反。

第 5 步：写出功率表达式，求出更正系数 K。

$$P_1' = U_{vw}I_u\cos(90° - \varphi_u),\ P_2' = U_{uw}I_w\cos(30° + \varphi_w)$$

$$P_0' = P_1' + P_2' = (\sqrt{3}/2)\ UI\cos\varphi + (1/2)\ UI\sin\varphi$$

$$K = \frac{1}{(1/2) + (\sqrt{3}/6)\ \tan\varphi}$$

实例二：断相

电流/A		电压/V				角度/（°）					
I_1	1.48	U_{12}	62.0	U_{10}	99.3	$\dot{U}_{12}{}^{\wedge}\dot{I}_1$	290	$\dot{U}_{31}{}^{\wedge}\dot{I}_1$	110	$\dot{U}_{xv}{}^{\wedge}\dot{I}_1$	290
I_2	1.48	U_{32}	37.6	U_{20}	37.6	$\dot{U}_{12}{}^{\wedge}\dot{I}_2$	350	$\dot{U}_{31}{}^{\wedge}\dot{I}_2$	170	$\dot{U}_{yv}{}^{\wedge}\dot{I}_1$	283
$I_合$	2.56	U_{31}	99.2	U_{30}	0.0	$\dot{U}_{32}{}^{\wedge}\dot{I}_1$	103			$\dot{U}_{xv}{}^{\wedge}\dot{I}_2$	350
						$\dot{U}_{32}{}^{\wedge}\dot{I}_2$	163			$\dot{U}_{yv}{}^{\wedge}\dot{I}_2$	344

第 1 步：分析电流

由于 $I_1 = I_2 \neq 0$，$I_合$ 为 I_1 或 I_2 的 $\sqrt{3}$ 倍，则说明电流互感器有一相极性接反。

第 2 步：分析电压

（1）由于 U_{10}、U_{20}、U_{30} 中有且仅有 U_{30} 相为 0，则可确定 3 号端钮为 v 相，且 v 相未断线并接地良好。剩下的端钮 1 号、2 号分别记为 "x" "y"。

（2）U_{12}、U_{32}、U_{31} 仅有一个 U_{31} 近似为线电压 100V，另两个之和近似为 100V，则必有一相断线，其中电压为 100V 的 U_{31} 所缺的 2 号端钮为断线相。

（3）作出两个相量图（见图 9-4、图 9-5），以定好的 v 相对应端钮为基准，分别按正序（顺时针）和反序（逆时针）标出端钮编号，按实例一找出全压相与电流 I_1、I_2 的夹角，以全压相 U_{31} 为基准分别在正序图和反序图中画出 I_1、I_2，依据电流就近相应相电压原则，比较两个相量图，观察 I_1、I_2 在反序相量图上的位置分布更加合理（以不出现 v 相电流为合理），从而确定实际电流的相别。

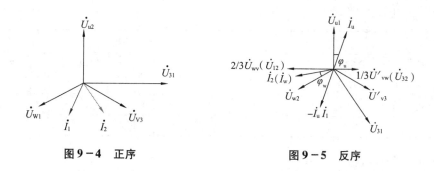

图 9 − 4　正序　　　　　　　　　　图 9 − 5　反序

（4）分析第一元件、第二元件电压。当三相三线高压有功表和无功表机械表接于同一电路时，某一相电压断相，该电压并不为 0，而是由有功表和无功表内部电感线圈的分压来决定。当第二个表尾断相时，第一元件电压 $U_{12} = 2/3U_{13}$，第二元件电压为 $U_{32} = 1/3U_{31}$。

第 3 步：正确描述故障结果

（1）电压相序：w、u、v；

（2）电压互感器二次侧断相：u；

（3）电流相序：I_u、I_w；

（4）电流互感器反极性：TA1 极性反。

第 4 步：写出功率表达式，求出更正系数 K。

$$P_1{'} = 2/3U_{wv}I_u\cos（90° - \varphi_u），\quad P_2{'} = 1/3U_{vw}I_w\cos（150° + \varphi_w）$$

$$P_0{'} = P_1{'} + P_2{'} = （\sqrt{3}/6）UI\cos\varphi + （1/2）UI\sin\varphi$$

$$K = \frac{1}{-（1/6） + （\sqrt{3}/6）\tan\varphi}$$

相断线，则从电压数据中不能确定 TV 是否还存在反极性，在不允许不恢复的情况下，应分 TV 无极性反和有极性反两种情况分别分析，由于 u 相断线，则 TV2（U_{wv}）是否有极性反不能判断，以上分析是在假定 U_{31} 极性不反得出的结果；若假定 U_{31} 极性反，则 U_{31} 的向量应旋转 180°，对应的电流也均应旋转 180°，故可得出下列故障描述：

（1）电压相序：w、u 、v；

（2）电压互感器二次断相：u；

（3）电压互感器二次极性反：TV2 极性反；

（4）电流相序：I_u、I_w；

（5）电流互感器反极性：TA2 极性反。

但其功率数学表达式和更正系数不会发生变化。所以出现断相故障时通常都应恢复后重新测量数据后再来判断。

实例三：电压互感器极性反

电流/A		电压/V				角度/（°）					
I_1	1.48	U_{12}	167.3	U_{10}	99.8	$\dot{U}_{12}\wedge\dot{I}_1$	317	$\dot{U}_{31}\wedge\dot{I}_1$	108	$\dot{U}_{xv}\wedge\dot{I}_1$	288
I_2	1.48	U_{32}	97.3	U_{20}	97.3	$\dot{U}_{12}\wedge\dot{I}_2$	257	$\dot{U}_{31}\wedge\dot{I}_2$	50	$\dot{U}_{yv}\wedge\dot{I}_1$	172
$I_合$	2.56	U_{31}	99.8	U_{30}	0.0	$\dot{U}_{32}\wedge\dot{I}_1$	350			$\dot{U}_{xv}\wedge\dot{I}_2$	228
						$\dot{U}_{32}\wedge\dot{I}_2$	290			$\dot{U}_{yv}\wedge\dot{I}_2$	112

第 1 步：分析电流

由于 $I_1 = I_2 \neq 0$、$I_合$ 为 I_1 或 I_2 的 $\sqrt{3}$ 倍，则说明电流互感器有一相极性接反。

第 2 步：分析电压

（1）由于 U_{10}、U_{20}、U_{30} 中有且仅有 U_{30} 相为 0，则可确定 3 号端钮为 v 相且 v 相未断线并接地良好。剩下的端钮 1 号、2 号分别记为 "x" "y"。

（2）由于 U_{12}、U_{32}、U_{31} 有一个 U_{12} 近似为 173V，另两个近似为 100V，则无断线，但有一相 TV 反极性。

第 3 步：以已确定的 v 相对应端钮为基准，分别作出两个相量图（见图 9-6、图 9-7），假定 U_{xv} 为 U_{uv} 和 U_{xv} 为 U_{wv} 两种情况，且该相极性正确，依据电流就近相应相电压的原则，判别电流布局是否合理来确定 x 是 u 相还是 w 相，以确定好相别并在正确的图中标注端钮编号；如图 9-6、图 9-7 所示，正序有 v 相电流存在，不合理；反序电流分布合理。

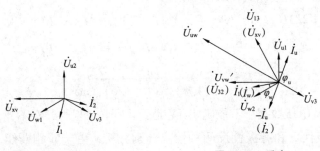

图 9-6　正序　　　　　　　　图 9-7　反序

由于有极性反接，分析第一元件电压 U_{12}、第二元件电压 U_{32} 时，应根据相量图实际合成作出的相量来写功率表达式。$U_{12} = U'_{uw} = U_{32} + U_{13}$ 为第一元件的电压，大小是 U_{32} 的 $\sqrt{3}$ 倍。

第 4 步：正确描述故障结果

（1）电压相序：u、w、v；

（2）电压互感器二次侧极性反：TV2 极性反；

（3）电流相序：I_w、I_u；

（4）电流互感器反极性：TA1 极性反。

第 5 步：写出功率表达式，求出更正系数 K。

$$P_1' = U_{uw}'I_w\cos\left(60° - \varphi_w\right), \quad P_2' = U_{vw}'I_u\cos\left(90° + \varphi_u\right)$$

$$P_0' = P_1' + P_2' = (\sqrt{3}/2) \ UI\cos\varphi + (5/2) \ UI\sin\varphi$$

$$K = \frac{1}{(1/2) + (5\sqrt{3}/6) \ tan\varphi}$$

第2节 三相四线电能表接线检查

一、相关知识

1. 相量图

三相四线有功电能表正确接线的相量图如图9-8所示。

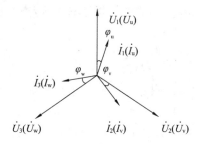

图9-8 三相四线电能表接线相量图

2. 功率表达式

$$P_1 = U_u I_u \cos\varphi_u, \quad P_2 = U_v I_v \cos\varphi_v, \quad P_3 = U_w I_w \cos\varphi_w$$

$$\begin{aligned} P_0 &= P_1 + P_2 + P_3 \\ &= U_u I_u \cos\varphi_u + U_v I_v \cos\varphi_v + U_w I_w \cos\varphi_w \\ &= 3UI\cos\varphi \ (0° \leqslant \varphi \leqslant 90°, \ -90° \leqslant \varphi \leqslant 0°) \end{aligned}$$

二、操作步骤

下列涉及1、2、3数字均表示电能表第几元件；N表示有功电能表的零线端，即在万特模拟台有功电能表的零线端。操作前均需办理第二种工作票，并做好安全措施。

1. 未经 TV，经 TA 接入的三相四线制有功和无功电能表接线方式

（1）测量相电压，判断是否存在断相。

$U_{1N} = \qquad U_{2N} = \qquad U_{3N} =$

不近似或不等于220V的为断线相。

（2）测量各相与参考点（U_u）的电压，判断哪相是u相。

$U_{1u} = \qquad U_{2u} = \qquad U_{3u} =$

a. 0V 为 u 相；

b. 其他两相近似或等于380V，则非0V相为u相。

（3）确定电压相序。

a. 利用相序表确定电压相序；

b. 利用任意正常两相相电压的夹角，按顺序相邻两相夹角为120°或相隔两相夹角为240°均为正相序；反之类推。

$$\overset{\wedge}{\dot{U}_1\dot{U}_2}=120° \qquad \overset{\wedge}{\dot{U}_1\dot{U}_3}=240° \qquad \overset{\wedge}{\dot{U}_2\dot{U}_3}=120°均为正相序；$$

$$\overset{\wedge}{\dot{U}_1\dot{U}_2}=240° \qquad \overset{\wedge}{\dot{U}_1\dot{U}_3}=120° \qquad \overset{\wedge}{\dot{U}_2\dot{U}_3}=240°均为逆相序；$$

（4）测量相电流，判断是否存在短路、断相。

$$I_1= \qquad\qquad I_2= \qquad\qquad I_3=$$

a. 出现短路，仍有较小电流，出现断相电流为0A；

b. 同时出现短路与断相，应从TA二次接线端子处测量（此处相序永远正确），如哪相电流为0A，则就是哪相电流断路。

（5）以任意一正常的相电压为基准，测量与正常相电流的夹角，判断相电流的相序（设U_1、I_1、I_2、I_3均为正常）。

$$\overset{\wedge}{\dot{U}_1\dot{I}_1}= \qquad\qquad \overset{\wedge}{\dot{U}_1\dot{I}_2}= \qquad\qquad \overset{\wedge}{\dot{U}_1\dot{I}_3}=$$

（6）如出现相电流极性反，测量相应元件进出电流线的对地电压，判断哪种极性反（此项只能记录在草稿纸上）。

a. TA极性反与表尾反的区别：TA极性反是指从TA二次侧出线端K1、K2与联合接线盒之间的电流线接反；表尾反是指从TA二次侧出线K1、K2未接反，只是从联合接线盒到有功电能表的电流进出线接反；

b. 相电流进线对地电压＞相电流出线对地电压，则为TA极性反；

c. 相电流进线对地电压＜相电流出线对地电压，则为电流表尾反。

（7）根据上述结果画出向量图。

（8）正确描述故障结果：

a. 电压相序：

b. 电压断相：

c. 电流相序：

d. 电流短路：

e. 电流断相：

f. 电流互感器反极性：

g. 电流表尾反：

（9）写出各元件功率表达式及总的功率表达式

（10）求出更正系数$K=\dfrac{P_0}{P'}$。

2. 经TV，经TA接入的三相四线制有功和无功电能表接线方式

（1）测量相电压，判断是否存在断相。

$$U_{1N}= \qquad\qquad U_{2N}= \qquad\qquad U_{3N}=$$

不近似或不等于57.7V，为断相。

（2）测量各相与参考点（U_u）的电压，判断哪相是u相及是否存在极性反。

$$U_{1u} = \qquad U_{2u} = \qquad U_{3u} =$$

a. 0V 为 U 相；

b. 其他两相近似或等于 100V，则非 0V 相为 u 相；

c. 出现相近或等于 57.7V 的相为极性反的相；

d. 一面加电：TV 一次侧断相，断相电压 < 10V；TV 二次侧断相，断相电压 > 10V（当 A 相 TV 一次侧断，其他一相极性反为例外）；

e. 二面或三面加电：当只有电压断相而没有电压极性反时，与一面加电情况相同；当电压断相与电压极性反同时出现时，二面加电，TV 一次侧断相，断相电压为 12V 左右；TV 二次侧断相，断相电压为 25V 左右；三面加电，TV 一次侧断相，断相电压为 15V 左右；TV 二次侧断相，断相电压为 25V 左右。

（3）确定电压相序

a. 利用相序表。

①电压极性未反，按正常情况判断；

②出现电压极性反，测量为正相序，实际为逆相序；测量为逆相序，实际为正相序。

b. 利用未断相两相相电压的夹角。

①极性未反，按顺序相邻两相夹角为 120° 或相隔两相夹角为 240° 均为正相序；反之类推；

②电压极性反，按已知电压（U_u）为参考，结合测量出的角度，判断出电压相序。

（4）测量相电流，判断是否存在短路、断相。

$$I_1 = \qquad I_2 = \qquad I_3 =$$

a. 出现短路，仍有较小电流，出现断相，电流为 0A；

b. 同时出现短路与断相，应从 TA 二次侧接线端子处测量，如哪相电流为 0A，则就是哪相电流断相。

（5）以任意一正常的相电压为基准，测量与正常相电流的夹角，判断相电流的相序（设 U_1、I_1、I_2、I_3 均为正常）。

$$\overset{\wedge}{\dot{U}_1 \dot{I}_1} = \qquad \overset{\wedge}{\dot{U}_1 \dot{I}_2} = \qquad \overset{\wedge}{\dot{U}_1 \dot{I}_3} =$$

（6）如出现相电流极性反，测量相应元件进出电流线的对地电压，判断哪种极性反（此项只能记录在草稿纸上）。

a. TA 极性反与表尾反的区别：TA 极性反是指从 TA 二次侧出线端 K1、K2 与联合接线盒之间的电流线接反；表尾反是指从 TA 二次侧出线 K1、K2 未接反，只是从联合接线盒到有功电能表的电流进出线接反；

b. 当相电流进线对地电压 > 相电流出线对地电压，则为 TA 极性反；

c. 当相电流进线对地电压 < 相电流出线对地电压，则为电流表尾反。

（7）根据上述结果画出向量图（以万特模拟接线台为标准）

a. 出现断相，则断相电压 $U' = -\dfrac{1}{2}U$（U 为正常相电压）；

b. 出现极性反，则极性反电压 $U' = -U$（U 为正常相电压）；

c. 断相与极性反同时出现时，则根据上述两种情况综合考虑。

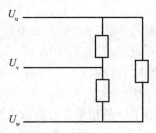

例如，u 断相，v 相极性反，则

$$U_{u'v'} = \frac{1}{2}U_{wv'} \Rightarrow U_u' - U_v' = \frac{1}{2}\left(U_w - U_v'\right)$$

$$\Rightarrow U_u' = U_v' + \frac{1}{2}U_w - \frac{1}{2}U_v' = \frac{1}{2}U_v' + \frac{1}{2}U_w = \frac{1}{2}\left(U_v' + U_w\right)$$

$$\Rightarrow U_u' = \frac{1}{2}U_{wv}$$

U_v' 为反相后的电压；U_v 为正常的电压；U_u' 为断相后的电压。其他断相、极性反按此推算。

（8）正确描述故障结果

a. 电压相序：

b. 电压互感器一次侧（二次侧）断相：

c. 电压极性反：

d. 电流相序：

e. 电流短路：

f. 电流断相：

g. 电流互感器反极性：

h. 电流表尾反：

（9）写出各元件功率表达式及总的功率表达式。

（10）求出更正系数 $K = \dfrac{P_0}{P'}$。

例 1 $U_{1N} = 58V$，$U_{2N} = 220V$，$U_{3N} = 220V$；$U_{1u} = 279V$，$U_{2u} = 382V$，$U_{3u} = 382V$。

逆相序 $\dot{U}_2 \wedge \dot{U}_3 = 240°$，$I_1 = 0A$，$I_2 = 2.5A$，$I_3 = 2.5A$；

$\dot{U}_2 \wedge \dot{I}_2 = 325°$，$\dot{U}_2 \wedge \dot{I}_3 = 265°$。

（$U_{I2进} = 0.12V$，$U_{I2出} = 0.36V$）

电压相序：u、w、v

电压断相：u

电流相序：I_w、I_u、I_v

电流表尾反接：第二元件

电流断相：w

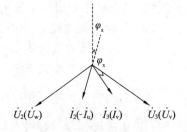

功率表达式：

$P_1' = 0$，$P_2' = U_w I_u \cos\ (60° - \varphi_u)\ = UI\cos\ (60° - \varphi)$，$P_3' = U_v I_v \cos\varphi_v = UI\cos\varphi$

$$P' = P_1' + P_2' + P_3' = UI\cos\ (60° - \varphi)\ + UI\cos\varphi = UI\ (\frac{3}{2}\cos\varphi + \frac{\sqrt{3}}{2}\sin\varphi)$$

更正系数：

$$K = \frac{P_0}{P'} = \frac{3UI\cos\varphi}{UI(\frac{3}{2}\cos\varphi + \frac{\sqrt{3}}{2}\sin\varphi)} = \frac{2\sqrt{3}}{\sqrt{3} + \tan\varphi}$$

例2　$U_{1N} = 58V$，$U_{2N} = 220V$，$U_{3N} = 220V$；$U_{1u} = 197V$，$U_{2u} = 0V$，$U_{3u} = 382V$。

逆相序$\dot{U}_2 \wedge \dot{U}_3 = 240°$，$I_1 = 0.21A$，$I_2 = 2.5A$，$I_3 = 2.5A$；

$\dot{U}_2 \wedge \dot{I}_2 = 325°$，$\dot{U}_2 \wedge \dot{I}_3 = 265°$

$U_{I2进} = 0.14V$，$U_{I2出} = 0.64V$，$U_{I3出} = 0.53V$，$U_{I3出} = 0.28V$

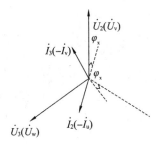

故障现象：

电压相序：v、u、w

电压断相：v

电流相序：I_w、I_u、I_v

电流短路：w

电流互感器极性反：v

电流表尾反接：第二元件

功率表式：

$P_1' = 0$，　$P_2' = U_u I_u \cos(180° + \varphi_u)\ = -UI\cos\varphi$，　$P_3' = U_w I_v \cos(60° + \varphi_v)\ = UI\cos(60° + \varphi)$

$$P' = P_1' + P_2' + P_3' = UI\cos\ (60° + \varphi)\ - UI\cos\varphi$$

$$= -UI\ (\frac{1}{2}\cos\varphi + \frac{\sqrt{3}}{2}\sin\varphi)$$

更正系数：

$$K = \frac{P_0}{P'} = \frac{3UI\cos\varphi}{-UI\ (\frac{1}{2}\cos\varphi + \frac{\sqrt{3}}{2}\sin\varphi)} = -\frac{6}{1 + \sqrt{3}\tan\varphi}$$

例3　$U_{1N} = 57.9V$，$U_{2N} = 3.8V$，$U_{3N} = 58.1V$；$U_{1u} = 0.0V$，$U_{2u} = 54.4V$，$U_{3u} = 100.5V$。

逆相序$\dot{U}_1 \wedge \dot{U}_3 = 120°$，$I_1 = 1.5A$，$I_2 = 0.14A$，$I_3 = 1.5A$ $\dot{U}_1 \wedge \dot{I}_1 = 71°$，$\dot{U}_1 \wedge \dot{I}_3 = 311°$

$U_{I1进} = 0.29V$，$U_{I1出} = 0.12V$，$U_{I3进} = 0.09V$，$U_{I3出} = 0.28V$。

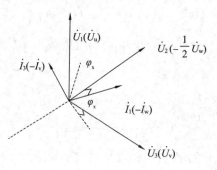

故障现象：

电压相序：u、w、v

电压互感器一次断相：w

电流相序：I_w、I_u、I_v

电流短路：u

电流互感器极性反：w

电流表尾反接：第三元件

功率表达式：

$$P_1' = U_w I_v \cos(60° + \varphi_v) = UI\cos(60° + \varphi), \quad P_2' = 0$$
$$P_3' = U_u I_u \cos(180° + \varphi_u) = -UI\cos\varphi$$

$$P' = P_1' + P_2' + P_3' = UI\cos(60° + \varphi) - UI\cos\varphi = -UI\left(\frac{1}{2}\cos\varphi + \frac{\sqrt{3}}{2}\sin\varphi\right)$$

更正系数：

$$K = \frac{P_0}{P'} = \frac{3UI\cos\varphi}{-UI\left(\frac{1}{2}\cos\varphi + \frac{\sqrt{3}}{2}\sin\varphi\right)} = -\frac{6}{1 + \sqrt{3}\tan\varphi}$$

例4　$U_{1N} = 57.9V$，$U_{2N} = 57.9V$，$U_{3N} = 26.1V$；$U_{1u} = 0.0V$，$U_{2u} = 57.9V$，$U_{3u} = 38.6V$。

逆相序$\dot{U}_1 \wedge \dot{U}_2 = 300°$，$I_1 = 0A$，$I_2 = 1.5A$，$I_3 = 1.5A$，$\dot{U}_1 \wedge \dot{I}_2 = 140°$，$\dot{U}_1 \wedge \dot{I}_3 = 80°$，

$U_{I3进} = 0.3V$，$U_{I3出} = 0.16V$。

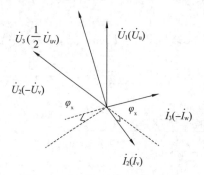

故障现象：

电压相序：u、v、w

电压互感器二次侧断相：w

电压互感器极性反：v

电流相序：I_u、I_v、I_w

电流断相：u

电流互感器极性反：w

功率表达式：

$$P_1{}' = 0, \quad P_2{}' = U_v I_v \cos(180° + \varphi_v) = -UI\cos\varphi,$$

$$P_3{}' = \frac{1}{2} U_{uv} I_w \cos(90° + \varphi_w) = -\frac{\sqrt{3}}{2} UI\sin\varphi$$

$$P' = P_1{}' + P_2{}' + P_3{}' = -\frac{\sqrt{3}}{2} UI\sin\varphi - UI\cos\varphi = -UI\left(\cos\varphi + \frac{\sqrt{3}}{2}\sin\varphi\right)$$

更正系数：

$$K = \frac{P_0}{P'} = \frac{3UI\cos\varphi}{-UI\left(\cos\varphi + \dfrac{\sqrt{3}}{2}\sin\varphi\right)} = -\frac{6}{2 + \sqrt{3}\tan\varphi}$$

例5 $U_{1N} = 26.4\text{V}$，$U_{2N} = 57.7\text{V}$，$U_{3N} = 58.1\text{V}$；$U_{1u} = 40.3\text{V}$，$U_{2u} = 0.0\text{V}$，$U_{3u} = 58.1\text{V}$。

正相序$\dot{U}_2 \wedge \dot{U}_3 = 60°$，$I_1 = 0.2\text{A}$，$I_2 = 1.5\text{A}$，$I_3 = 1.5\text{A}$。

$\dot{U}_2 \wedge \dot{I}_2 = 80°$，$\dot{U}_2 \wedge \dot{I}_3 = 320°$。

$U_{I2进} = 0.32\text{V}$，$U_{I2出} = 0.16\text{V}$，$U_{I3进} = 0.12\text{V}$，$U_{I3出} = 0.29\text{V}$。

故障现象：

电压相序：v、u、w

电压互感器二次侧断相：v

电压互感器极性反：w

电流相序：I_u、I_w、I_v

电流断相：u

电流互感器极性反：w

电流表尾反接：第三元件

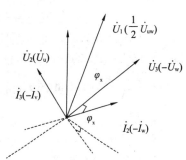

功率表达式：

$$P_1{}' = 0, \quad P_2{}' = U_u I_w \cos(60° + \varphi_w) = UI\cos(60° + \varphi),$$

$$P_3{}' = U_w I_v \cos(120° - \varphi_v) = UI\cos(120° - \varphi)$$

$$P' = P_1{}' + P_2{}' + P_3{}' = UI\cos(60° + \varphi) + UI\cos(120° - \varphi)$$

$$= UI\left(\frac{1}{2}\cos\varphi - \frac{\sqrt{3}}{2}\sin\varphi - \frac{1}{2}\cos\varphi + \frac{\sqrt{3}}{2}\sin\varphi\right) = 0$$

更正系数：

$$K = \frac{P_0}{P'} = \frac{3UI\cos\varphi}{0} = \infty$$

第 **10** 章
异常计量装置电量核算

提示：本章主要介绍异常电能计量装置电量核算的方式，以及每种方式所对应的方法，关于更正率和更正系数的技术在第九章均有体现，本章仅介绍基本方法。

第1节　核算方式

一、电能表接线错误的电量核算

计量回路电流值、电压值平衡且二次侧负荷电流在 0.5A~5A、月平均功率因素恒定，属于典型47种计量错误接线。应根据错误的功率表达式、平均功率因素值、错误接线的起止时间、计量倍率等条件，采用更正系数法进行电量追补或退补。

电能计量装置二次侧回路接线正确，因断线、缺相等导致其中一个元件或两个元件无计量的。三相三线接线方式的采用更正系数法进行电量追补，三线四线接线方式采用三线四线缺相法进行电量追补。

三相四线电能表一个元件电流极性反、两个元件电流极性反，应根据极性接反时间、电能表示度等条件，采用三线四线反极性法进行电量追补。

二、设备更改或维护时的电量追补

电能表更换期间的电量追补，应根据当前运行的二次侧负荷电流或二次侧功率、计量倍率及电流回路短接时间等条件，采用二次侧负荷法进行电量追补。

因设备改造、更换等，需将负荷全部转移到备用间隔或有独立计量功能的备用线路，需进行电量核算时。应根据负荷转移时的时间、电能表示度，根据负荷恢复后的时间、电能表示度、倍率等条件，采用计量转移法进行电量追补和本月电量核算。

三、技术参数与装置不匹配的电量追补

实际变比、倍率与台账变比、倍率不一致的电量核算，应根据不一致的起止时间、起止示度、实际变比或倍率等条件，采用比较法进行电量追补或退补。

某相变比与同组其他相变比不一致的电量追补，应根据变比错误起止时间、电能表起止示度等条件，采用比较法进行电量追补或退补。

四、装置计量功能失效的电量追补

对于恒定型负荷，TV 一次侧、二次侧保险烧坏导致电能表黑屏不计量的电量追

补，应根据历史电量、起止时间等条件，采用电量参照法进行电量追补。

对于负荷不平衡，也不属于季节性的负荷，且对侧有计量装置的，应根据对侧计量装置电量、线损率等条件，采用线损法进行电量追补。

位于变电站进出线电能计量装置出现异常的，也可根据各进出线、母联、主变三侧计量装置电量，平均母线电量不平衡率、异常计量的时间等条件，采用母线电量不平衡率法进行电量核算。

位于变电站进主变三侧电能计量装置出现异常的，也可根据另两侧计量装置电量，平均变损、异常计量的时间等条件，采用变损法进行电量核算。

对装有主辅表的电能计量装置，主表出现计量失效的，应根据计量失效的时间、主表失效时间内辅表的走字差进行电量核算，采用主辅表法进行电量核算。

第 2 节　核算方法

一、更正系数法

$$K = \frac{P}{P'}$$

$$\delta = K - 1 \quad (\text{" + "为追补电量；" - "为退补电量})$$

$$W = \delta \times P'$$

$$追补电量（kW \cdot h）= W \times 计量倍率$$

式中：K——更正系数；

P——正确计量的功率；

P'——错误计量的功率；

W——应追补或退补的走字电量。

计量倍率为 TA 变比与 TV 变比之积。

二、电量参照法

对于计量负荷平衡的，采用电能表不计量之前三个月的平均日电量、不计量时间进行电量追补，计算公式如下：

$$追补电量（kW \cdot h）= \frac{3 个月电量之和}{3} \div 30 \times 不计量天数$$

对于季节性负荷用户，采用上年同期月电量、不计量时间进行电量追补，计算公式如下：

$$追补电量（kW \cdot h）= 上年同期月电量 / 当月天数 \times 不计量天数$$

三、三线四线缺相法

$$一个元件不计量的追补电量（kW \cdot h）= 错误电量 \times 1/2$$

$$两个元件不计量的追补电量（kW \cdot h）= 错误电量 \times 2$$

四、三线四线反极性法

一个元件电流极性反的追补电量（kW·h）＝错误正向电量×2

两个元件电流极性反的追补电量（kW·h）＝错误反向电量×2

五、二次负荷法

追补电量（kW·h）＝二次功率（W）×计量倍率×时间（h）

或二次功率的计算式：

$$三相三线\ P = \sqrt{3}\,U_{线}\,I_{相}\cos\rho\ 或$$

$$三相四线\ P = 3U_{相}\,I_{相}\cos\rho$$

六、计量转移法

追补电量（kW·h）＝（恢复时示度－启用时示度）×计量倍率

实际电量（kW·h）＝当月原表电量示度差×计量倍率＋追补电量（kW·h）

七、线损法

追补电量（kW·h）＝对侧计量装置电量－侧计量装置电量×平均线损率

八、比较法

实际与台账不一致时的核算方法：

核算电量（kW·h）＝台账变比核算电量－实际变比核算电量

正为追补电量；负为退补电量。

设备技术参数不一致时的核算方法：

核算电量（kW·h）＝正确变比核算电量－错误变比核算电量

正为追补电量；负为退补电量。

九、母线电量不平衡法

$$母线电量不平衡率 = \frac{各计量装置上网电量之和 - 各计量装置下网电量之和}{各计量装置上网电量之和}$$

十、变损法

主变高压侧电量＝主变中压侧电量＋主变低压侧电量＋平均变损电量

有中低压侧方向电量的应考虑将反向电量计入。

十一、主辅表法

核算电量＝期间时间段内辅表电量×计量倍率

第 **11** 章
计量自动化及终端

提示：本章主要从自动化系统和自动化终端两个方面介绍计量自动化方面的知识，重点了解计量自动化系统主站框架、自动化终端的原理、现场调试的方法、出现故障情况的处理技巧。

第1节　计量自动化系统

一、概述

在电力营销体系中，电能计量是其中一个非常关键的因素。众所周知，电能要经过发电、输电、配电、变电等多个环节才能送到千家万户手中，在这么多环节中存在着各种经济结算，而电能计量装置提供的电能信息正是这些电网节点之间经济结算的依据。

随着电力市场的开放，电能计量自动化系统在电力系统中的地位与作用日益剧增。电能计量自动化是利用通信技术、自动化、计算机网络与数据服务等技术，以信息为载体从远端按预先设定的程序命令，自动获取电能表的示度、负荷、计量事件记录等数据进行存储、分析判断、计算处理等，同时也可对负控管理终端、配变采集终端、低压集抄终端、厂站电能采集终端和电能表进行远程控制和管理。目前，最主要的能是自动抄表、电能计量实时监控和电气信号控制，其后期的发展目标是电能数据调控中心，为用电服务，企业的发展、规划，电力设计，电力分配、调度等提供服务和决策依据。电能计量自动化系统建设覆盖的内容见图11-1。

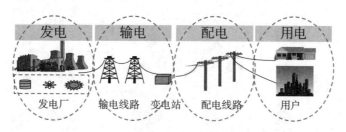

图 11-1　电能计量自动化系统建设覆盖内容

二、电能计量自动化系统结构

1. 电能计量自动化系统传输关系

电能计量自动化系统是由主站管理系统、终端、通信通道和电表组成，之间传输关系如图 11 - 2 所示。对于通信通道而言，又分为上行通道与下行通道。上行通道是指终端与主站管理系统中的计算机之间的通信线路，主要利用光纤、无线电、GPRS 或 CDMA 通信介质。下行通道主要指终端与电表之间的通道，主要利用 RS485、载波、小无线等作为通信介质。

图 11 - 2 传输关系

2. 系统物理结构

省级集中的计量自动化系统采用"集中采集、集中应用"的技术方案，将整个主站系统部署在省公司处，地市不再保留主站的 WEB 应用和前置采集，在省公司部署采集服务器来采集地市终端，然后将采集回来的数据进行处理、入库等操作，方便主站 WEB 应用。集中采集方案是把前置服务器及相关通信设备部署在省公司级，在省公司对采集回来的数据集中应用。

省级集中计量自动化系统整体上由系统主站、网络通信设备和计量终端设备组成。系统总体架构如图 11 - 3 所示。

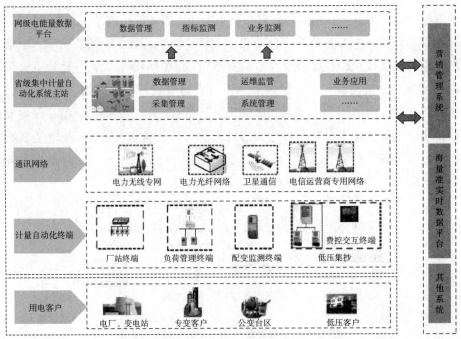

图 11 - 3 电能计量自动化系统结构拓扑图

系统总体架构上从下至上分为几层：

（1）用电客户层：用电客户涵盖电厂、变电站、专变客户、公变台区、低压居民用户（含分布式能源）几类用电客户。

（2）计量自动化终端：用电客户的电能量数据通过计量终端和计量主站进行通信，计量自动化终端具有通信设备功能，同时也可以缓存采集数据。终端和电表之间的下行通信网络问题制约了低压集抄的功能进一步扩展。

（3）上行通信网络：终端采集到数据后通过无线公网、电力专网、卫星通信等手段上送到主站系统。当前上行通信技术也是在不断发展过程中，无线公网随着4G等技术的推广，通信速率和质量都会有较大提高。

（4）省级集中计量自动化系统：省级集中计量自动化系统实现集中采集、集中存储、集中应用。横向上给营销系统、海量准实时数据平台等系统提供数据，纵向上给网级电量数据平台上送数据。

（5）网级电能量数据平台：汇总中国南方电网有限责任公司的五省两市的电能量数据，实现电量分析、指标管控等。

3. 系统逻辑结构

根据系统总体架构和《电力监控系统安全防护规定》（国家发展和改革委员会令2014年第14号），从保障系统稳定性和高效性进行系统逻辑架构设计，基于新的安防要求公网接入前置服务器在安全接入区，而系统应用在安全Ⅲ区，前置服务器和应用服务器之间的交互需要经过防火墙、物理隔离装置，通信方式的变更需要前置服务器与应用服务器之间进行适应性调整。如11-4所示。

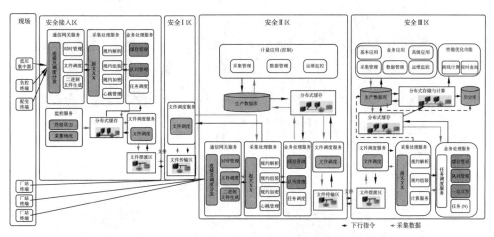

图 11-4　电能计量自动化系统逻辑结构

电能计量自动化系统逻辑架构分为安全接入区、安全Ⅰ区、安全Ⅱ区、安全Ⅲ区四个区域。其主要功能如下：

安全接入区主要采集前置机，采集负控、配变、集抄终端的电能量数据回来，通过分布式缓存将数据先进行缓存，采集服务器采用分布式缓存的技术，并且支持大量并发接入、分层集群处理、多规约适配和智能任务调度。在其他区域出现故障时，安全接入区不受影响，保障数据采集功能稳定性。并将数据以文件的方式从安全接入区传输到安全Ⅰ区，安全Ⅰ区传输到安全Ⅱ区。

安全Ⅱ区中需要部署采集前置机采集厂站终端的电能量数据，生成文件与安全Ⅰ区的文件通过采集前置的处理，将采集到的量测数据插入到分布式缓存队列中，然后插入到安全Ⅱ区生产数据库中。文件另一份（相同的）传输到安全Ⅲ区中。安全Ⅱ区数据仅保留原始采集数据和档案数据，不保留统计数据和其他数据。

安全Ⅲ区以数据存储及计算处理为核心，为业务提供数据和业务支撑。安全Ⅲ区数据库分为生产库和历史库，生产库存储两年内的数据（全量），供查询及简单处理使用，保证效率；历史库保存所有数据，应用需求两年以上的数据时可通过备份历史服务器来查询，并且备份主要档案及量测数据。

安全Ⅲ区数据库分为生产库和历史库，生产库存储两年内的数据（全量），供查询及简单处理使用，保证效率；历史库保存所有数据，应用需求。生产库主要采用一体化存储设备；历史库采用分布式架构存储。

从安全Ⅱ区过来的数据经过通信服务器中的服务程序处理后，进入到分布式缓存中，如果该数据作为计算处理、指标统计的元数据，那么还会进入到分布式计算队列中一份，将计算完成的结果数据分别入库到生产库和历史库中。原始采集数据和其他统计通过数据校验和审核后抽取至发布库给接口提供数据，通过发布库提供数据服务，可以隔离接口对WEB访问的压力。

4. 计量自动化系统网络通信的功能

计量自动化系统网络层结构如图11－5所示。各网络层功能如下：

图11－5　计量自动化系统网络层结构

业务层：是整个计量自动化系统核心功能业务层，主要包含对外6＋1系统与负荷管理，厂站、公变、专变和一户一表计量、电能采集、自动结算等业务处理。

数据交互层：是数据交互应用的核心环节，主要由数据库服务器和各种数据接口组成，对内、对外提供数据交互。对内主要向系统业务层和综合应用层提供数据，对外主要对营销系统提供电量自动结算和各类报表数据，以及向SACADA系统、GIS系统等提供负荷、电量、电气信号等，为调度、段复电等提供帮助（见图11－6）。

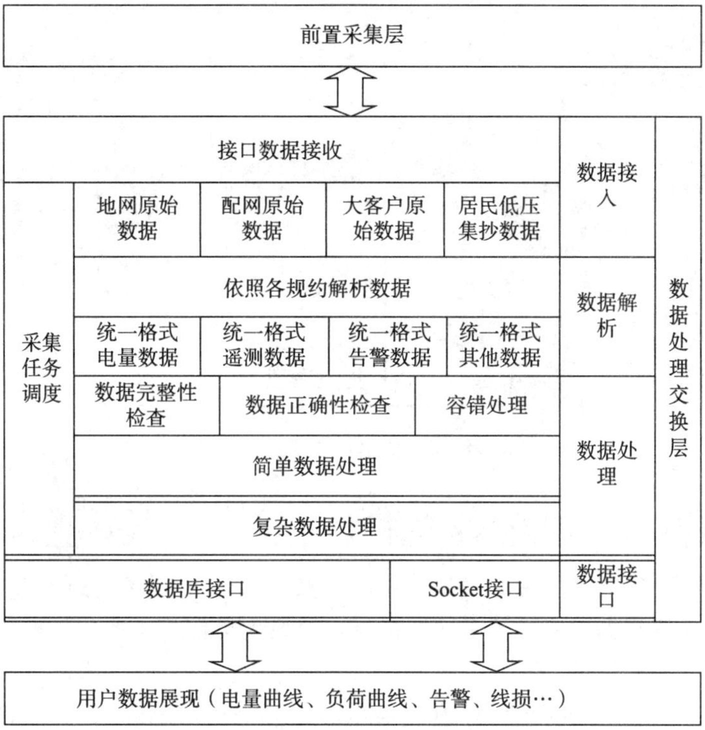

前置采集层

接口数据接收 ｜ 数据接入

| 采集任务调度 | 地网原始数据 | 配网原始数据 | 大客户原始数据 | 居民低压集抄数据 | 数据接入 | 数据处理交换层 |

依照各规约解析数据 ｜ 数据解析

统一格式电量数据 ｜ 统一格式遥测数据 ｜ 统一格式告警数据 ｜ 统一格式其他数据

数据完整性检查 ｜ 数据正确性检查 ｜ 容错处理 ｜ 数据处理

简单数据处理

复杂数据处理

数据库接口 ｜ Socket接口 ｜ 数据接口

用户数据展现（电量曲线、负荷曲线、告警、线损…）

图 11－6　数据交互层数据处理交换示意图

服务层：针对基于计量自动化系统开展的移动应用业务的平台。

安全控制层：为计量自动化系统提供安全。

综合应用层：是计量自动化系统的顶层结构，其主要是电能及相关业务的综合应用，主要包括四分线损、有序用电、综合查询、供售电、停电统计、供电质量统计与评估等需求。

前置采集层：是数据采集的核心层，主要由各种前置机和服务器组成。其中，核心模块包括前置机和定时采集两个模块。前置机主要负责对终端通道的管理及在终端和主站其他模块之间转发各种请求，包括数据召测、参数设置、参数召测、控制命令等；定时采集模块负责定时采集原始数据。前置机包括配变终端前置机、厂站终端前置机、低压前置机，定时采集模块包括定时任务服务器、采集服务器等，前置采集层各模块的接入方式如图 11－7 所示。

通信层：主要由交换机、路由器，通信网络、通信模块等组成。其中，通信网包括电力调度通信网（即专网）、综合数据网和 GPSR/CDMA 等无线网络。通信层负责提供各种采集设备接入计量自动化系统的通道，是主站和采集设备的纽带，提供了各种可用的有线和无线的通信信道，为主站和终端的信息交互提供链路基础，支持 GPRS/CDMA 无线通道、光纤网络、串口、电话拨号等多种通道。

终端设备层：主要由各种采集终端和电能表组成。

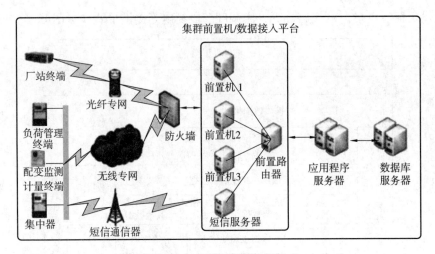

图 11-7   集群前置机接入方式

三、电能计量自动化系统数据流向

现场设备层的不同计量现场采集终端将采集到的计量现场信息通过通信层的电力通信网及公共无线数据网传输到主站采集层。计量现场信息主要包括实时电能量信息、计量事件及电气运行信息。

前置采集层从通信层收集到计量现场信息后，根据信息报头区分信息类别进行信息解析处理，并将解析后的计量信息传送到业务应用处理层。

业务应用处理层收集到计量现场信息后根据需要及时进行业务数据展现和处理，并将处理后的计量现场信息写入数据库服务器。业务处理层同时根据业务处理的需要，从数据库服务器读取历史数据和档案数据进行业务处理和业务展现，业务处理后的数据及时写入数据库服务器。业务处理层内各业务子系统之间不进行信息交换。

数据处理层是整个一体化系统的核心，包括业务处理数据库和综合数据库，即有对外的信息流转，同时也有对内的信息流转。

对外信息流程包括：

（1）业务处理数据库接收到业务处理层的数据读写要求信息后进行数据的查询和读写；

（2）综合应用系统与营销信息系统及 SCADA 系统等外部系统之间的信息交换。

对内信息流程包括：

（1）业务处理数据库从综合应用数据库查询档案数据及电网拓扑数据等；

（2）业务处理数据库向综合应用数据库传送分时电能量数据等。

综合应用层的功能主要是基于各计量自动化子系统基础上的分析应用系统，包括"四分"线损和需求侧管理。两个应用主要使用的是电能量数据和计量档案数据及电网拓扑数据。该层的数据流程比较简单，主要是从数据处理层的综合应用数据库获取相应的分析用数据。

计量自动化系统数据流程如图 11-8 所示。

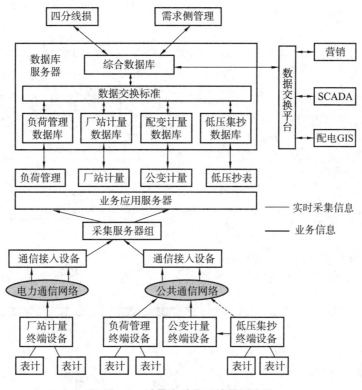

图11-8 计量自动化系统数据流程

四、计量自动化系统原理

1. 省级计量自动化主站系统物理框架

省级电能计量自动化主站系统总体框架如图11-9所示。

省级集中计量自动化系统按照安防要求，需要在安全接入区、安全Ⅰ区、安全Ⅱ区、安全Ⅲ区都存放相关计量设备和安全设备，计量对外主要业务应用在安全Ⅲ区。

终端到计量主站系统通信网络可以分为三类：一类为Ⅱ区厂站调度数据网及四线专线、2M专线等专线；另一类为移动、联通、电信等无线公共网络（不含Internet网络）以及卫星通信等公网通信，同时电力无线专网也作为无线公网处理；还一类为配网数据网，公变终端和专变终端通过配网数据网上传数据。其中无线公共网络需要先接入安全接入区（公网）且需要增加纵向加密措施。

安全接入区存放采集以及相关设备，包括前置采集服务器、负载均衡器、卫星时钟、堡垒机等。安全接入区与安全Ⅰ区通过正反向隔离装置联通。公网通信网络通过安全接入区接入计量自动化系统，配网专网通信需要通过独立的安全接入区接入计量自动化系统。

前置采集服务器采集数据经过隔离装置与安全Ⅰ区的控制服务器进行通信，控制服务器一方面需要接受安全接入区的信息，另外一方面还需要接受控制指令。安

全Ⅰ区还有安全相关的堡垒机等设备。安全Ⅰ区和安全Ⅱ区可以公用堡垒机和 IDS
等设备。

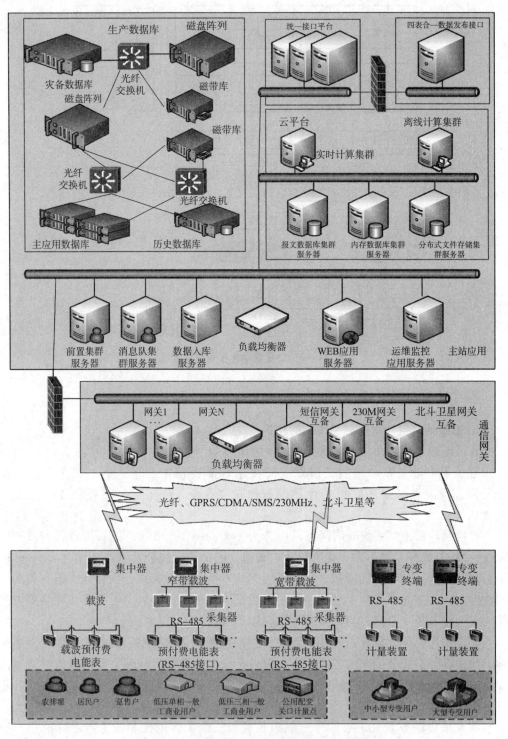

图11－9　电能计量自动化主站系统总体框架

　　安全Ⅱ区，根据要求主要有厂站前置采集服务器，卫星时钟，通信服务器等设备，同时根据要求还要有安全Ⅱ区的计量自动化系统，因此也要有数据库服务器和应用服务器等主站设备。安全Ⅱ区和安全Ⅲ区根据安全要求需要增加正向隔离装置和反向隔离装置等设备。安全Ⅱ区通过省公司的调度数据网采集省公司调度数据网和地市调度数据网覆盖的厂站。安全Ⅱ区通过 MSTP 专线连接地市局安全Ⅱ区的专线设备，然后再通过专线设备访问厂站。

　　根据安全的相关要求结合实际的网络等资源情况，安全Ⅲ区的计量自动化系统负责提供对外的业务服务和数据接口服务。为了提高数据发布的性能，保障发布数据可回溯，需要单独部署发布数据库。安全Ⅲ区除了数据库还有应用服务器、接口服务器、计算服务器、负载均衡器等设备构成完善的主站软硬件平台。安全Ⅲ区同时增加了历史数据库可以存储大量的历史数据。安全Ⅲ区的生产库和历史库可以根据用户分类提供不同的系统访问路径。安全Ⅲ区对外提供服务的服务器与内部业务处理服务器可以通过 VLAN 进行区域划分。

　　地市局公网通信终端通过安全接入区的前置采集系统采集数据，地市局安全Ⅱ区的调度数据网和专线通过安全Ⅲ区的前置采集系统采集数据。安全接入区和安全Ⅱ区的采集数据在安全Ⅱ区直接入安全Ⅱ区数据库，同时采集数据文件通过隔离装置传输到安全Ⅲ区。在安全Ⅲ区中的采集数据文件存入缓存服务器和计算服务器，然后再通过缓存服务器以及计算服务计算后入库到生产数据库中。安全Ⅲ区生产数据库和安全Ⅲ区历史数据通过数据库同步工具进行数据同步，把生产数据库的档案等数据同步至历史数据库。

　　系统采用冗余技术和负载均衡以及集群技术实现系统整体的可靠性，对系统中设备和应用需要支撑自动切换，主站软件也需要支持负载均衡等技术的高可用性。

2. 电能计量自动化主站数据采集原理

　　电能计量自动化主站系统的数据采集，需要对全省的专用变压器用户、厂站计量点、配电计量点、低压计量点数万个采集终端进行实时监控与数据采集。对于整个计量自动化系统而言，数据采集系统是核心系统，其功能分为数据采集和数据分析查询应用两部分。

　　对于整个数据采集系统可以划分为前置机采集和采集处理两个部分。前置机采集包括前置机和定时采集两个模块，前置机主要负责对终端通道的管理及在终端和主站其他模块之间转发各种请求，包括数据召测、参数设置、参数召测、控制命令等，而定时采集模块负责定时采集原始数据。前置机和定时采集主要采集原始数据，计算服务对原始数据进行计算、分析。

　　前置机负责通过各种通信介质和终端进行通信的前置设备，并能在与主站其他部分脱离联系后（通信部分还正常），维持系统运行的设备。

（1）前置机采集步骤

a. 同终端建立通道（包括 GPRS/CDMA、串口、电话拨号、光纤网络等）；

b. 给各定时任务程序分配采集终端；

c. 在终端和定时任务之间转发采集请求与终端应答数据；

d. 在终端和 Web 通信服务之间转发数据召测、参数设置/召测、控制等请求与响应。

（2）前置机监测到终端上下线的处理流程

监测到终端上线后，根据终端上行报文对应的协议解析出终端地址，然后根据终端地址和终端协议类型从数据库采集点档案中查询对应的终端档案，如果能够查询到终端档案，则认为该终端为已知终端；否则为未知终端。监测到终端掉线后，从前置机内存中删除该终端的所有信息，释放终端占用的所有资源（包括该终端占用的通道连接资源）。

（3）前置机判断终端在线条件

前置机收到每个终端的每条上行报文时，立即为每个终端记录下最新接收数据的时间。

GPRS/CDMA 通道（负控/配变/电能量终端）的终端在线条件：

a. 终端与前置机通道连接正常；

b. 2 个心跳周期（30min）内终端有上行报文。

以上两个条件同时满足则认为终端在线；否则不在线。

TCPClient 网络/电话/串口通道的终端在线条件：

a. 前置机向终端连接成功；

b. 1h 内终端有上行报文。

以上两个条件只要满足一个则认为终端在线；否则不在线。

（4）定时任务步骤

a. 定时发送数据采集请求，解析终端应答数据帧，并将解析的数据存库；

b. 采取优化策略保证采集数据的完整性；

c. 提供手工补采数据的功能；

d. 采用本地文件缓存的方法保证在数据库不可用的情况下采集数据仍然不丢失。

定时任务主要功能：定时发送数据采集请求，解析终端应答数据帧，并将解析的数据存库；采取优化策略保证采集数据的完整性；提供手工补采数据的功能；采用本地文件缓存的方法保证在数据库不可用的情况下采集数据仍然不丢失。

日志服务主要功能：接收前置机和定时任务的通信日志，并保存成文件；接收前置机发送的上行/下行报文，并对报文进行分析，统计出终端工况数据（上/下行流量、终端在线时间、离线时间、是否含有有效数据等），每日 00:10 存库。

五、电能计量自动化系统采集流程

1. 102 协议采集任务执行流程

（1）定时任务模块根据各终端配置的采集模板定时生成任务；

（2）根据各任务所包含的信息组织各任务对应终端协议的请求命令报文（生成任

务报文）；

（3）将上一步组织的终端协议请求命令作为数据区用计量自动化系统主站协议封装，组织成主站协议报文（主站协议封装任务报文）；

（4）找到各终端对应的前置机，并将组织的主站协议格式的请求报文发送到对应的前置机（封装报文给前置机）。前置机接收到定时任务发送过来的各种请求后按照主站协议格式解析出对应的终端报文；

（5）前置机找到对应的终端通道，并将终端报文请求通过该通道发送给终端；终端接收到前置机发过来的请求后，按照协议组织对应的响应数据应答给前置机；前置机接收到终端的响应数据后，根据终端协议解析出终端地址，并根据终端地址找到对应的定时任务模块；

（6）前置机将接收到的响应数据组织成主站协议格式的报文并发送到该终端对应的定时任务模块；定时任务接收到前置机转发的终端响应数据后按照终端通信协议解析数据并存库；

（7）如果终端未应答或终端应答报文错误，定时任务会根据应答的具体报文决定是否需要调整任务执行时间。如果定时任务正常解析数据则调整任务执行完成时间指针至采集到的数据时标位置，本次任务执行完成。

2. 贵州/广西/电科院 102 协议采集任务执行流程

（1）定时采集模块根据各终端配置的采集模板定时生成任务；

（2）定时采集模块向前置机申请某终端锁，如果该终端正在被 Web 召测或其他模块采集，则前置机向定时任务返回申请终端锁失败，该终端任务执行流程直接终止；

（3）如果该终端未被其他模块采集，则前置机立即将终端上锁并通知定时任务终端锁成功，继续下一步流程；

（4）定时任务根据电能量终端的通道类型，向前置机发送通道连接请求，前置机收到该请求后，依据终端通道类型进行连接（注意，不同通道类型，连接通道的处理方式不一样），前置机将通道连接的结果及时反馈给定时任务。如果通道连接成功，则继续下一步，如果失败则释放终端锁，并结束流程；

（5）定时任务通过前置机向电能量终端发送复位链路命令（来回交互 3 次），终端复位链路成功后继续进行数据采集流程；否则，释放终端锁并结束；

（6）定时任务继续发送数据采集命令，直到终端应答无数据为止，解析并存储采集的数据。定时任务调整任务执行完成时间指针至采集到的数据时标位置，本次任务执行完成。

3. 前置机转发数据流程（负控/配变/集中器）

（1）前置机接收到定时任务采集请求或 Web 召测请求后，从请求信息中找到请求的终端地址以及对应终端的请求命令；

（2）如果终端在线，则前置机将对应终端的请求命令转发给对应的终端，如果终端不在线，则不转发，流程结束；

（3）终端收到前置机转发的采集请求后，将采集的电表数据按照终端通信协议要求组织成对应的终端协议格式的报文，并将数据报文发送给前置机；

（4）前置机接收到终端应答的数据响应报文后，按照终端通信协议解释出终端地址及主站编号；

（5）如果主站编号是1或0，则将终端应答转发给该终端对应的定时任务，如果是其他值（≥10）则发送给Web通信服务，前置机转发流程正常结束。

4. 厂站电能量终端采集流程

（1）前置机接收到定时任务或Web的终端上锁请求后，从请求信息中找到请求的终端ID并锁终端，且将锁结果返回给定时任务或Web，锁失败则流程结束；

（2）前置机接收到定时任务或Web的终端通道连接请求后，根据终端通道类型执行通道连接操作，并返回结果，连接通道失败则流程结束；

（3）按照102协议依次进行采集数据的流程，任何一步失败则结束流程。

中国南方电网有限责任公司698协议/广电协议采集任务执行流程如图11－10所示。

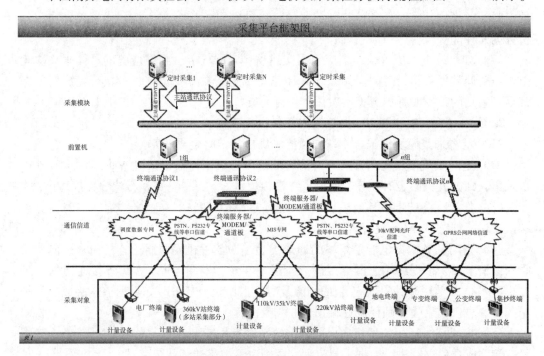

图11－10　中国南方电网有限责任公司698协议/广电协议采集任务执行流程

第2节　计量自动化终端

一、负控终端

1. 负控终端功能

现场数据采集三相电流、三相电压、有功功率、无功功率、功率因数、状态量采集、脉冲量采集等。以控制继电器输出及告警继电器输出。通过GPRS、LTE据通道，将采集的数据上传至主站并接受主站下发的命令实行相应的控制功能。

负控终端内部结构如图 11 - 11 所示。

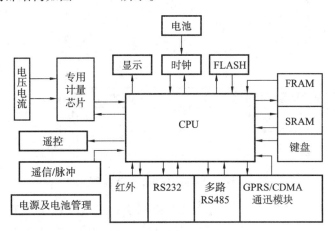

图 11 - 11　负控终端内部结构

2. 负控终端各模块作用

可当一块 1.0 级的电能表，集计量数据、谐波数据采集于一身的处理芯片；交流输入部分采用互感器隔离输入。CPU 采用 ARM 芯片，通过与各通信口的通信，完成与外设数据的交换；对数据进行统计分析；将设置数据、统计数据及计算数据等保存在 FLASH、FRAM、SRAM 等存储器中；通过遥信/脉冲接入口，获取开关或电能表脉冲信息。根据预定策略或主站命令，实行功控、厂休控、营业报停控、当前功率下浮控、购电控等多种控制功能。通信部分通常采用模块设计，模块可配置为 GPRS/CDMA/网络通信/电话 MODEM 等多种通信方式。如图 11 - 12 为负控终端基本功能。

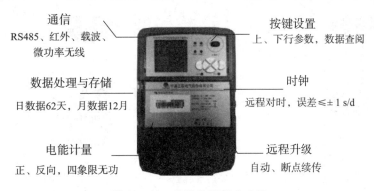

图 11 - 12　负控终端基本功能

3. 负控终端组网

负控终端和电表主要通过 RS485 方式组网，其连接方式如图 11 - 13 所示，A、B 分别代表 RS485 接口的 +、- 端口，电表间采用并联方式连接，RS485A、B 端口直流电压值正常情况下在 0.8V ~ 4.8V 之间。电表和负控终端之间的通信主要由二者之间的规约匹配来实现，如电表为 DL/T 645—2007，则负控终端应选择 DL/T 645—2007 规约才能采集。

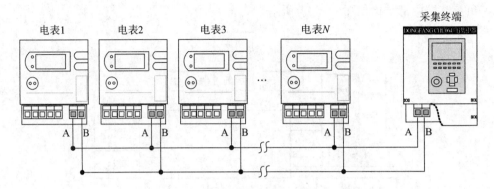

图 11 - 13 负控终端和电表连接示意图

负控终端和主站组网主要是通过无线数据通道和主站前置机连接的（有些终端也可以用有线网方式）。目前，常用的方式是通过 GPRS 通道和无线接入点（APN）进入移动数据中心，然后在映射到供电局计量自动化主站，其数据流向如图 11 - 14 所示，数据流向首先是自下而上的，即当终端设置好主站通信参数后，终端会主动登陆主站。负控终端和主站之间的通信也是依靠通信协议（规约）来实现的，如南方电网 698、广电负控协议等传输协议，其详细规约和报文参看相关标准资料。

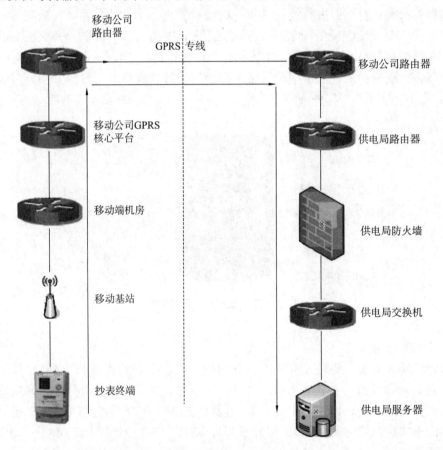

图 11 - 14 负控终端和主站组网数据流向

4. 调试

需要特别关注三个地方：测量点的参数配置（电表参数在终端内的设置）、终端通信参数的设置，以及终端地址、测量点编号和自动化系统档案地址一一对应且唯一。

以宁波三星 SX129ZN 型终端现场设置为例。

第 1 步：电表参数在终端内设置

—＞进入测量点配置：

进入测量点

标志：有效

协议：DL/T 645—1997　或　DL/T 645—2007（和电表铭牌上通信协议一致）

通道：RS484 – 1

地址：以现场表地址；

波波特率：一般为 2400（根据电表的通信波特率选择）

数据位：8

停止位：1

红相表 MK6E 表的设置：

标志：有效

协议：红相 MK6

通道：RS484 – 1

地址：以现场表地址；

波波特率：1200/9600（现场查看）

备注：数据位：8　停止位：1　校验位：无（一般只有 MK6E 表是无校验，其他表是偶校验）

实用户名：EDMI　密码：IMDEIMDE

第 2 步：通信参数设置：

—＞进入通信参数设置

主站 IP：10.113.0.164

端口：9100

APN：XXX 或 XXX（以各局 APN 为主）

如通信正常时，宁波三星终端会在液晶正下方显示：拨号成功、连接主站成功等字样；终端会在左上方显示"G"，下发采集命令时会在终端左上方显示"—＞1）"标识，终端采回数据时有"（1＜—"标识；若是接的是 485 Ⅱ 则标识中 1 变为 2。

第 3 步：在营销系统建档

第 4 部：在省级计量自动化中将档案修改正确

登录计量自动化主站→进入采集管理→档案维护→维护终端地址（见图11 – 15）。

图 11－15　维护终端地址

点击电表→点击档案维护→将抄表顺序号修改为与现场一致（见图 11－16）。

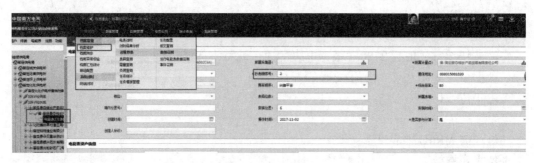

图 11－16　修改抄表顺序号与现场一致

注意：采集点里不允许出错的地方：行政区码、终端地址和通信协议。

测量点内不允许出错的地方：测量点在终端内的编号（一定要和现场设置的编号一致）。

二、配变终端

1. 配变终端原理

终端由 GPRS/CDMA 通信模块、处理单元、显示单元、接口电路、交流采样和电源部分组成。接口电路配合交流采样主要完成对脉冲量、开关量的采集，形成数字信号，由主处理电路进行计算处理；RS485 抄表接口能读取电能表数据；GPRS/CMDA 模块负责和无线网络的连接和数据收发；液晶驱动和液晶显示电路完成显示功能，并配合按键可以进行基本参数的设置。

终端的接收和发送命令通过移动 GPRS/CMDA 通信网络来传输的，命令接收经过校验后，进行相应的处理。从而实现遥测、远方读表、数据和异常信息主动上报等功能。

2. 配变终端组网

由于多数配变终端并未接电能表，而是直接将终端本身计量数据上传到电能计量自动化主站，其组网主要是和主站的组网，其网络方式如图 11－17 所示，数据流向和图 11－14 负控终端数据流向一致。

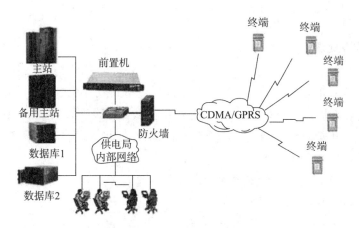

图 11 - 17　配变终端组网

3. 配变终端运行与维护

调试和负控一样需要特别关注三个地方：测量点的参数配置（终端本身计量的设置）、终端通信参数的设置，以及终端地址、测量点编号和自动化系统档案地址——对应且唯一。

配变终端本身带有计量功能，通常情况下，直接使用该功能来计量，而省去电能表，因此在此情况下不需要设置电能表参数。

以珠海天瑞（华立也一样）配变终端为例：

第 1 步：设置终端参数

＊终端参数设置—＞测量点参数设置（密码验证 000000）：

测量点数量：01（可以是 11，但不能是 00）；

选择测量点：01

＊终端参数设置—＞脉冲参数设置：

配置数量：1

脉冲状态：有效（不能是无效）

＊终端参数设置—＞通信参数设置：

类型：TCP

主用 IP 地址：010.113.000.165

端口：9101

APN：asgdj.gz（移动卡）

注意：用移动卡，apn 为：asgdj.gz；若采用联通公司数据业务卡，apn 为：asgd.gzapn；

三星 SX129ZN 配变终端和三星 SX129ZN 负控终端完全一样，但注意测量点 I 要改为交流采样即可。

第 2 步：建电能计量自动化档案

具体可参照负控终端运行维护第 3 步和计量自动化系统 Web 页面操作，在此不再赘述。

4. 常见故障处理

（1）不在线

a. 无信号或者信息弱。处理办法：移动天线，将其放置在信号强的地方。

b. APN、主站 IP、端口设置错误。处理办法：重新设置，移动卡 APN：asgdj. gz；联通卡 APN：asgd. gzapn，端口：注意所连接的主站 IP 和端口（配变常用主站 IP：10. 113. 0. 165 端口 9101）。

c. 终端地址重复或主站系统档案地址和终端地址不一致。处理办法：更改终端地址，把档案和终端地址更改一致。

d. 卡有问题。处理办法：换卡重启测试。

e. 终端通信模块接触不良或坏。特征：信号标识无，提示通信模块未启动或者一直在启动中。处理办法：重新拔插模块，重启测试，换模块。

f. 终端故障或坏。特征：通电不正常，无法运行等。处理方法：直接更换终端。

（2）在线无数据

a. 测量点（波特率、协议、校验、数据有效等）参数设置错误。处理办法：选择正确的参数。

b. 交采（主要针对宁波三星配变）或测量点数、脉冲有效（针对珠海天瑞和华立）设置错误。处理办法：设置成交采，测量点数不为 0、脉冲有效。

c. 终端地址重复或不对应。处理办法：重新设置终端地址。

d. 通信规约不支持。处理办法：选择支持的规约或换成支持规约的终端（也可软件升级实现）。

e. 信息体不对应。处理办法：在系统内设置一致。

（3）数据错误

a. 终端错乱。处理办法：用现场负荷和终端采集负荷对比确定，或用终端电量和系统同时刻记录电量对比确定。

b. 校验、传输出错，系统报错。处理办法：请厂家相关人员协助处理。

三、厂站终端

1. 电能量厂站采集终端的作用

采集电表计量数据、电气信号及事件；存储采集后的数据和事件；按主站规定的协议/规约封装数据；根据主站下达的任务命令上传和下采数据。

2. 电能量厂站采集终端原理

电能量采集终端主要由 CPU 处理单元、通信模块单元、采集模块单元、存储单元、电源、显示及各种接口组成（见图 11-18）。终端根据采集任务每 1min 或者 15min 通过多路 485 采集模块采集电表数据，采回的数据存入终端寄存器中；主站下达上传命令时，处理单元将数据从存储器中取出，按主站协议、规约处理数据后以报文的形式上传电能计量自动化主站。通信模块和接口负责和主站、电表的通信连接和通信协议转换。

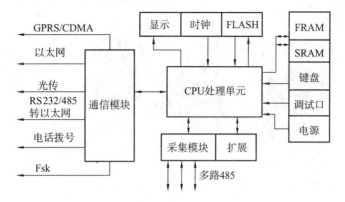

图 11 − 18　电能量厂站采集终端内部结构

3. 电能量厂站采集终端组网方式

电能量厂站采集终端组网组要通过以太网、光传、FSK 等有线专网和 GPRS/CDMA 无线网络组网，其组网方式如图 11 − 19 所示，其链路路由交换机和路由器来完成。

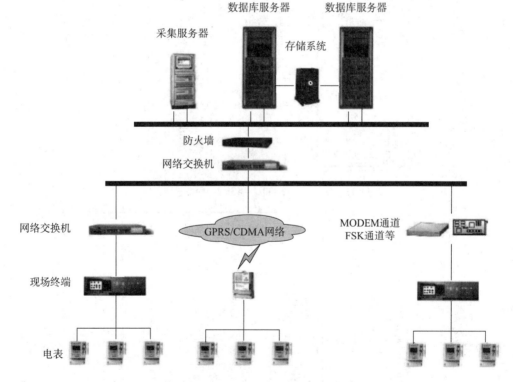

图 11 − 19　电能量厂站采集终端组网方式

4. 电能量厂站采集终端运行维护

调试需要特别关注的地方：测量点的参数配置（电表在终端内的参数设置表号、规约、波特率、采集总线）、主站方案的设置，以及测量点编号和自动化系统档案地址一一对应且唯一。以 EAC 5000D 终端为例（见图 11 − 20 ~ 图 11 − 22）。

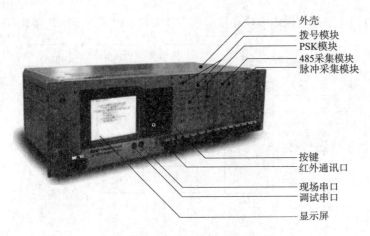

图 11－20　EAC 5000D 终端外观

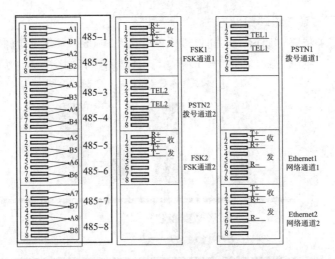

图 11－21　EAC5000D－485 总线端子接入

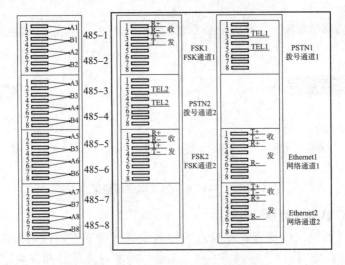

图 11－22　EAC 5000D 通信通道安装

网络通道：EAC 5000D 支持 2 个 RJ45 网络口。

电话通道：接在拨号通道的水晶头端子 3、5 的引线上，并测量输入直流电压是否在 48V 以上。

FSK 通道：收端接在 FSK 通道的水晶头 1、2 的引线上，发射端接在 3、4 的引线上。在接入前，先把对方的收发环上，问主站是否能自发自收。

注：PSTN 为语音拨号；FSK 为频移键控是利用载波的频率变化来传递数字信息；Ethernet 主要为以太网传输口，注意网卡 IP 和端口是设置。字母 A 表示 485 正极；B 表示 485 负极。485 – 1、485 – 2…. 表示 485 总线 1、2……端口，共 8 条总线端口，一般情况下 485 – 8 可作为上传通道用于变电站在线监控电量和负荷。

5. EAC 5000D 现场工作总体步骤

（1）记录表地址和表 485 接入的总线；

（2）表 485 线总线接入 EAC 5000D 后端的 485 总线端口；

（3）在 EAC 5000D 内设置表地址、选择波特率、通信规约等电表参数；

（4）选择抄表方案；

（5）选择通信通道和上传主站方案；

（6）设置和选择通信通道和主站方案相应参数；

（7）与主站通信。

EAC 5000C/D 装置可以在现场通过装置面板的按键进行调试，也可以使用计算机在现场通过网络或者串口进行调试，也可以使用计算机通过拨号或者 FSK 通信方式进行远程调试。

图 11 – 23 为通过装置面板的按键进行现场调试流程。

6. 负控终端常见故障处理方法

（1）不在线

a. 无信号或者信号弱。处理办法：移动天线，将其放置在信号强的地方。

b. APN、主站 IP、端口设置错误。处理办法：重新设置，移动卡 APN：asgdj. gz；联通卡 APN：asgd. gzapn，端口：注意所连

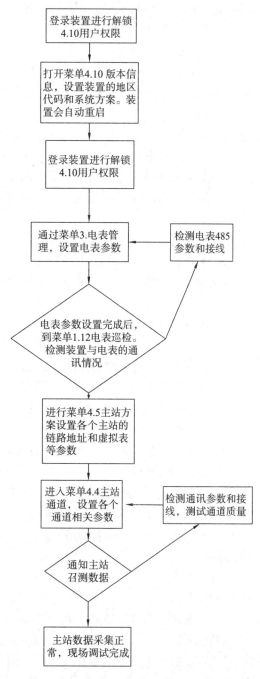

图 11 – 23　EAC 5000D 现场调试流程

接的主站 IP 和端口，（负控常用主站 IP：10.113.0.164 端口 9100）。

c. 终端地址重复或主站系统档案地址和终端地址不一致。处理办法：更改终端地址，把档案和终端地址更改一致。

d. 通信卡有问题。处理办法：换卡重启测试。

e. 终端通信模块接触不良或坏。特征：信号标识无，提示通信模块未启动或者一直在启动中。处理办法：重新拔插模块、重启测试、换模块。

f. 终端故障或坏（特征通电不正常，无法运行等）。处理方法：直接更换终端。

（2）在线无数据

a. 电能表（表地址、波特率、协议、校验、数据有效等）参数设置错误。处理办法：根据电能表参数来设置终端测量点参数（提示：一般都是偶校验，但红相 mk6e 有无校验的情况）。

b. 485 线接错。处理办法：重新接 485 线，注意 485 口正、负。

c. 终端地址重复。处理办法：重新设置终端，调整一致。

d. 通信规约不支持。处理办法：选择支持的规约或换成支持规约的终端。

e. 信息体不对应（测量点编号现场和系统档案不一致）。处理办法：在自动化系统内设置一致。

（3）数据错误

a. 采错表。处理办法：用表和终端采集电量对比确定。

b. 校验、传输出错，系统报错。处理办法：请厂家相关人员协助处理。

（4）注意

a. 若液晶显示面板显示"S"，则表示卡有故障；

b. 若液晶显示面板显示"G"，则表示终端 GPRS 连接成功；如长期不在线，可能为 SIM 卡业务数据有问题，需换卡；可换卡重启测试；

c. 核查终端参数是否有问题（终端地址是否重复、主站 IP、APN 是否正确）；

d. 若终端在线，但无数据，请检查终端电表参数是否正确，485 接线是否正确，电表对应的电表序号与主站是否对应。

配变终端原理和本质上和负控终端相似，可以参考负控终端来运维。

7. 常见故障处理

（1）电能量厂站终端不能采集。可能原因：表不带电、终端断电（表、终端运行指示不正常）。处理方式：电表带电恢复。

（2）表在终端内的参数设置正确（指表地址 波特率 通信规约）。处理方式：更改为正确参数。

（3）表 485 线不正确（485 线的 a b 是否正确对应，接线是否正确）。处理方式：485 正确接线。

（4）表通信端口有故障（较难判断）。特征：485 端口直流电压值异常，正常 485 口直流电压在 0.8V～4.8V 之间。处理方式：更换电能表或通知电能表厂家处理。

（5）总线上表类型不兼容（指因不同类型的表因 485 端口电压相差过大或通信速率不匹配）。处理方式：将不同类型的表分开总线接入。例如，某站红相表与威胜表在同一总线互相影响导致部分电能表不能采集，因此将红相表单独以一路485总线接入终端，将威胜表以另一路总线接入终端。

（6）采集模块坏（采集模块指示灯不交替闪烁，或不亮）。处理方式：更换采集模块插件（机架式）。

8. 与主站通信故障

（1）电话拨号通道故障

简易判断方式：用一台电话座机测试电话信号，拨打该电话可正常通话，则通道无问题；若电话座机测试，电话无拨号音无回铃音则为通道故障。

处理方式：现场确认是通道问题，通知通信人员处理（供电局通信班）或更改为其他通信方式。

（2）网络通道

简易判断方式：在现场用一台笔记本电脑，将其IP设置为与终端IP相同，将终端网络线拔出插入笔记本网络口，采用"ping 10.113.0.166"，如显示有回应则，通道无问题；如显示超时，则为通道故障；

在办公室用远程登录10.113.0.166电脑→运行→输入cmd确认→ping终端IP，若有数据返回，则说明通道畅通，若返回超时则不通，需要去现场处理。

处理方式：在现场确定是通道故障，通知信息人员处理。

（3）数据不能上传主站

终端与主站正常通信，终端正常采集，但主站召测无数据。

处理办法：此情况可能是主站和终端协议不匹配，换匹配规约或终端升级规约。

第3节　电能计量自动化系统操作手册

一、档案查询

1. 档案查询（见图11-24）

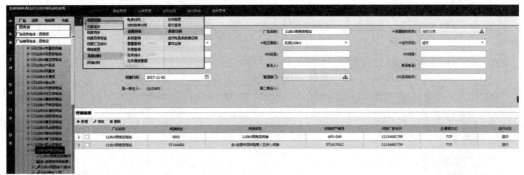

图11-24　档案查询页面

如需厂站终端查询，如"西秀变终端"操作如下：

在搜索框中输入"西秀变"→点击名称包含："西秀变"→点击小"＋"将西秀变数据展示→点击110kV西秀变终端→点击采集管理处运维维护。如图11-25所示。

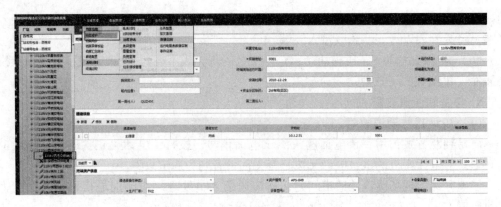

图 11 - 25　采集管理运维页面

如需查询厂站下电表表码值：如"西秀变"下秀湾线 011 操作如下：在搜索框中输入"西秀变"→点击名称包含：西秀变→点击小"＋"将西秀变数据展示→点击110kV 西秀变终端→点击采集管理处表码查询。如图 11 - 26 所示。

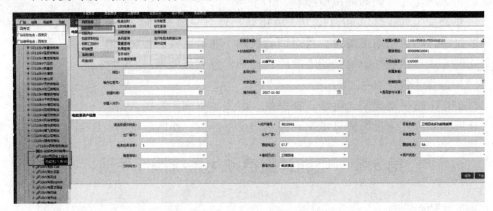

图 11 - 26　采集管理表码查询页面

2. 配网

如查询线路下用户信息：左侧栏配网选择线路，展示线路下用户信息，如图 11 - 27 所示。

图 11 - 27　馈线线路用户信息列表展示

配变用户搜索：如（用户名称：贵州省烟草公司安顺分公司、用户编号：0604014001032518），操作步骤：在搜索框中输入用户编号→点击"用户编号包含：0604014001032518"→点击采集管理→档案维护，如图 11－28 所示。

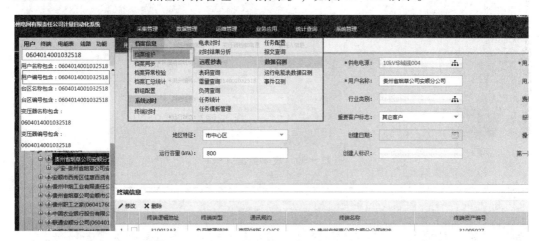

图 11－28　查询配网用户

配变用户终端电表展示：

操作步骤：如夜郎水秀用户，查询终端信息点击"普－夜郎水秀"；查询电能表信息：点击"普－夜郎水秀"→点击"电能表 2 主表"，如图 11－29 所示。

图 11－29　配变用户终端电表展示

二、远程抄表

1. 表码查询

如需查询（用户名称：贵州省烟草公司安顺分公司、用户编号：0604014001032518）表码值，操作步骤见图 11－30。

小贴士：有些时候会出现查询页面为空的情况，处理方法一般为将数据类型选为全部，并将用户类别选择正确。如图 11－31 所示。

2. 需量查询

操作步骤：点击"采集管理"→远程抄表→需量查询→进入页面，输入查询条件，点击查询，根据计量点名称展示出最大需量数据。如图 11－32 所示。

图 11－30　表码查询（一）

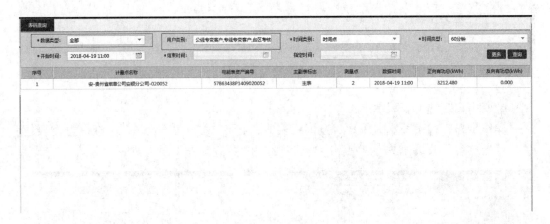

图 11－31　表码查询（二）

图 11－32　需量查询页面

点击更多，可以展示出更多的查询条件（见图 11－33）。

图 11 - 33　查询条件展示

3. 报文查询

（1）功能简介：实现当前报文、历史报文查询功能，通过档案树导航选择终端，监控终端的当前报文，也可以通过选择时间查询终端历史报文信息；实现终端报文解析功能功能，可以对当前报文、历史报文解析。

（2）操作步骤：点击采集管理→远程抄表→报文查询。

开始监控：左侧树选择一个设备，点击 开始监控 ，该设备存在报文交互信息，如图 11 - 34 所示。

图 11 - 34　开始监控报文信息展示

停止监控：点击 停止监控 ，如图 11 - 35 所示。

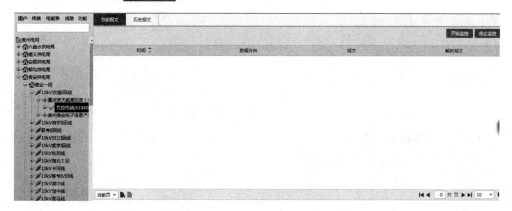

图 11 - 35　停止监控报文信息展示

三、数据召测

1. 运行电能表数据召测

功能简介：实现对电能表的数据进行召测，支持批量召测，支持多个数据项召测，并可以查看报文信息。

操作步骤：点击采集管理→数据召测→运行电能表数据召测→打开页面，左侧树选择到线路，终端，电能表节点，输入该节点下电能表的抄表顺序号，选择需要召测的数据项，支持召测多个数据项。如图 11－36 所示。

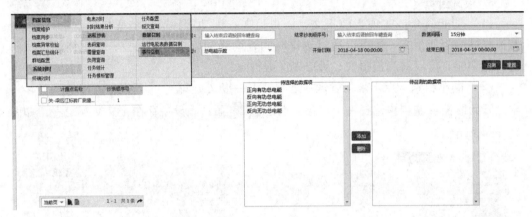

图 11－36 运行电能表召测主页面

2. 输入数据项和时间范围

可以召测指定时间段的指定数据，点击召测按钮，进行召测。如图 11－37 所示。

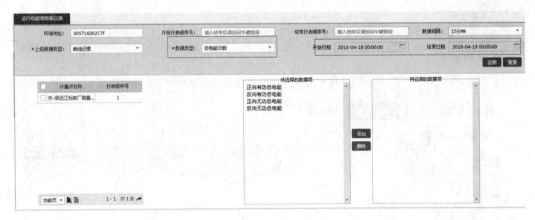

图 11－37 召测时间范围指定数据

3. 弹出召测结果页面

可以查看召测数据以及报文结果。如图 11－38 所示。

图 11-38 查看召测结果和报文信息

四、运维管理

1. 运维监控

（1）工况监测

功能简介：实现实时在线率、信号强度、客户停电的检测。

操作步骤：运维管理→运维监控→工况监测→在左侧栏选择要监测的类型，右侧栏选择查询条件。点击"查询"按钮，显示相关查询结果如图 11-39 所示。

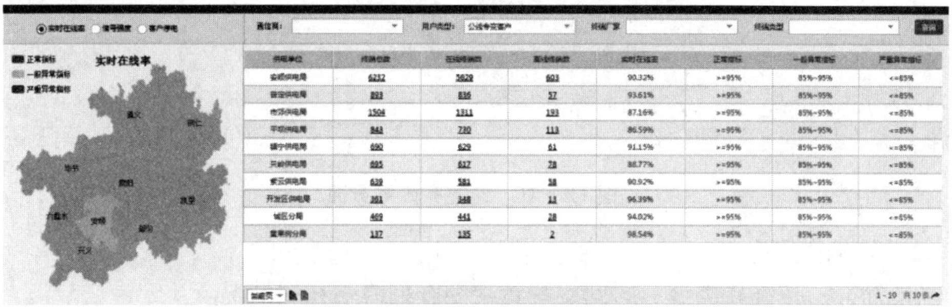

图 11-39 工况监测页面

（2）综合监控

功能简介：展示主网侧与配网侧工单处理各环节情况、档案异常情况、终端升级情况、终端调试情况。

操作步骤：进入菜单：运维管理→运维监控→综合监控。

选择左侧配网数节点，界面展示如图 11-40 所示。

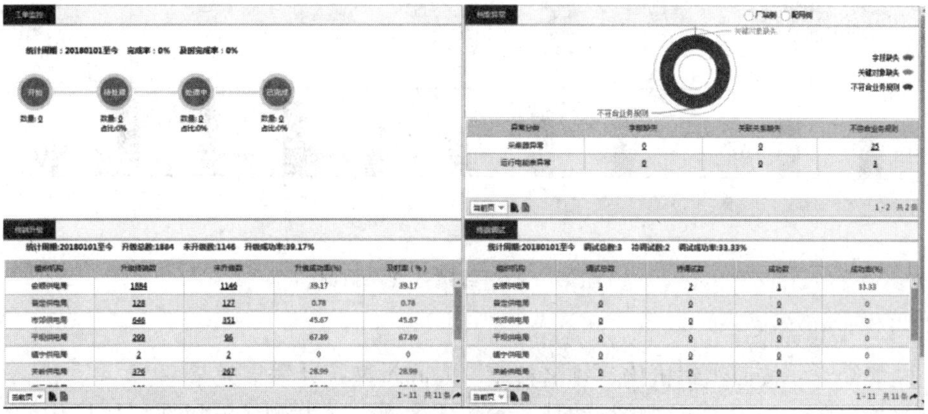

图 11-40 综合监控页面

2. 指标统计

（1）通道完好率

功能简介：统计电厂、变电站的通道情况。

操作步骤：运维管理→指标统计→通道完好率在左侧导航树选择要操作的节点，输入查询条件，点击"查询"按钮，如图11−41所示。

图11−41 通道完好率页面

（2）终端在线率

功能简介：按终端类型、时间、统计类型查询终端在线情况。

操作步骤：进入菜单，运维管理→指标统计→终端在线率→在左侧导航树选择要操作的节点，点击"实时在线率"或"日月平均在线率"，输入查询条件，点击"查询"按钮。

前置在线率监点击"前置在线率监控按钮"可查看前置在线率情况，如图11−42所示。

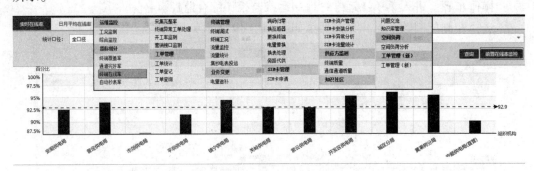

图11−42 终端在线率页面

（3）采集完整率

功能简介：按照组织机构、排名粒度、时间类型统计采集完整率。

操作步骤：运维管理→指标统计→采集完整率→在左侧导航树选择要操作的节点，

输入查询条件，点击"查询"按钮。如图 11-43 所示。

图 11-43　采集完整率页面

（4）终端异常工单处理

功能简介：统计终端异常工单处理完成率和及时率。

操作步骤：进入菜单，运维管理→指标统计→终端异常工单处理→在左侧导航树选择要操作的节点，输入查询条件，点击"查询"按钮。如图 11-44 所示。

图 11-44　终端异常工单处理页面

（5）自动抄表率

功能简介：统计不同终端类型自动抄表情况。

操作步骤：进入菜单，运维管理→指标统计→自动抄表率→查询：在左侧导航树选择要操作的节点，输入查询条件，点击"查询"按钮，如图 11-45 所示。

图 11-45　自动抄表率页面

（6）终端覆盖率

功能简介：统计接入覆盖率情况。

操作步骤：进入菜单：运维管理→指标统计→终端覆盖率→在左侧导航树选择要操作的节点，输入查询条件，点击"查询"按钮。如图 11－46 所示。

图 11－46 接入覆盖率页面

（7）使用覆盖率

功能简介：统计使用覆盖率情况。

操作步骤：进入菜单，运维管理→指标统计→终端覆盖率查询→点击"使用覆盖率页签"，在左侧导航树选择要操作的节点，输入查询条件，点击"查询"按钮。如图 11－47 所示。

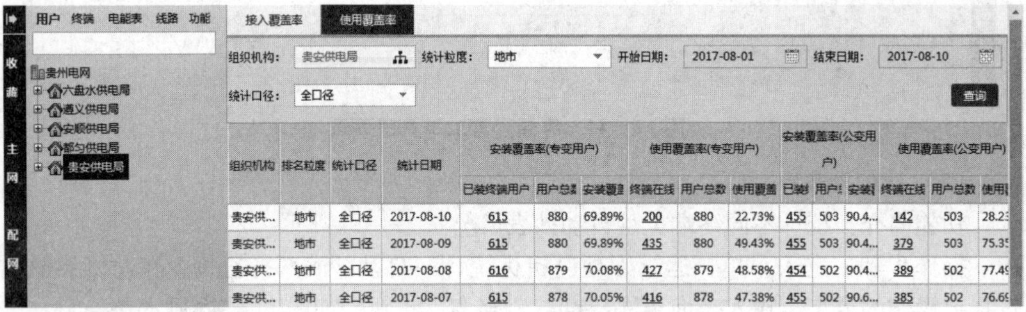

图 11－47 使用覆盖率页面

（8）开工率指标配置

功能简介：配置开工率指标。

操作步骤：进入菜单，运维管理→指标统计→开工率监测→在"开工率指标配置"页签，选择左侧要配置的节点，在右侧窗口配置相应的指标，点击"保存"按钮。如图 11－48 所示。

（9）开工率监测

功能简介：监测组织机构各行业类别的开工率。

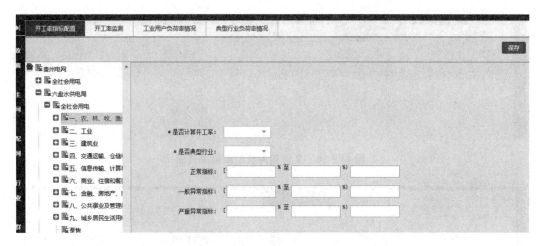

图 11－48　开工率指标配置页面

操作步骤：进入菜单，运维管理→指标统计→开工率监测→点击"开工率监测"页签，在左侧地图上选择要监测的组织机构，输入查询条件，点击"查询"按钮。如图 11－49 所示。

图 11－49　开工率监测页面

（10）工业用户负荷率情况

功能简介：实现工业用户负荷率统计，统计每月组织机构统计工业用户负荷率的用户分布情况。

操作步骤：进入菜单，运维管理→指标统计→开工率监测→点击"工业用户负荷率情况"页签，在左侧地图上选择要监测的组织机构，输入查询条件，点击"查询"按钮，点击查询结果中蓝色字体的相关链接可查看详情。如图 11－50 所示。

（11）典型行业负荷率情况

功能简介：实现典型行业用户负荷率统计。

操作步骤：进入菜单，运维管理→指标统计→开工率监测→点击"典型行业负荷率情况"页签，在左侧地图上选择要监测的组织机构，输入查询条件，点击"查询"按钮。如图 11－51 所示。

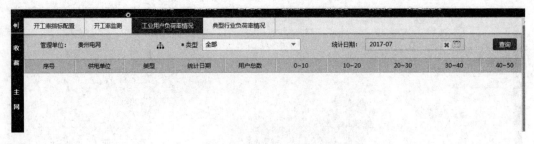

图 11-50　工业用户负荷率情况页面

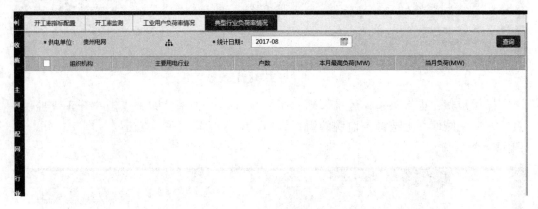

图 11-51　典型行业负荷率情况页面

3. 工单管理

（1）工单统计

功能简介：按时间、组织机构、工单类型统计工单处理情况。

操作步骤：进入菜单，运维管理→工单管理→工单统计→输入查询条件，点击"查询"按钮。如图 11-52 所示。

序号	组织机构	工单数	草稿	发送营销	已处理	处理率（%）	及时处理	及时处理率（%）	归档	作废
1	麦安供电局	6	4	1	0	0	0	0	0	1
2	营业一班	0	0	0	0	0	0	0	0	0
3	营业二班	5	3	1	0	0	0	0	0	1
4	营业三班	0	0	0	0	0	0	0	0	0

图 11-52　工单统计页面

（2）工单查询

功能简介：查询工单处理轨迹及详情。

操作步骤：进入菜单，运维管理→工单管理→工单查询→输入查询条件，点击"查询"按钮。如图 11-53 所示。

图 11－53 工单查询页面

登记工单：点击"登记工单"按钮，填写工单信息，点击"保存按钮"，如图 11－54所示。

图 11－54 工单登记页面

发送营销：选择要发送的已处理状态的工单，点击"发送营销"按钮。如图 11－55 所示。

图 11－55 发送营销页面

归档：选择要发送的已处理状态的工单，点击"归档"按钮，如图 11－56 所示。

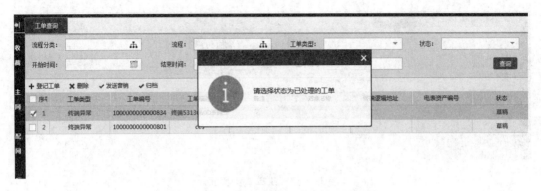

图 11-56　选择要发送已处理的工单页面

4. 终端管理

（1）终端调试

功能简介：实现终端调试管理以及调试记录查询功能。

操作步骤：进入菜单，运维管理→终端管理→终端调试。

查询：输入查询条件，点击"查询"按钮如图 11-57 所示。

召测：选择要召测的调试工单，点击"召测"按钮如图 11-57 所示。

图 11-57　终端调试查询页面

添加：点击"添加"按钮，输入调试任务信息，点击"保存"按钮，如图 11-58 所示。

图 11-58　新建调试任务页面

编辑：点击"编辑"按钮，编辑调试任务信息，点击"保存"按钮，如图 11-59 所示。

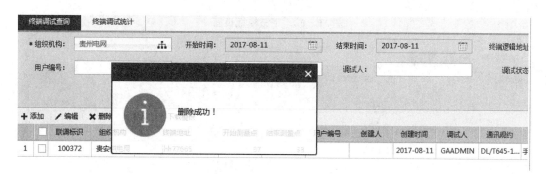

图 11-59　修改调试任务页面

删除：选择要删除的记录，点击"删除"按钮，如图 11-60 所示。

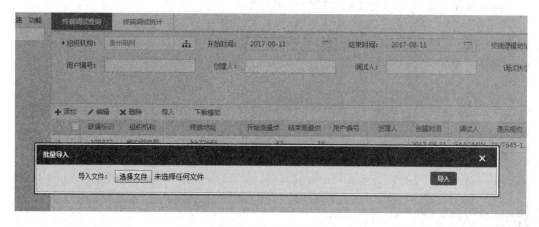

图 11-60　删除页面

导入：点击"导入"按钮，选择本地文件，点击"导入"，如图 11-61 所示。

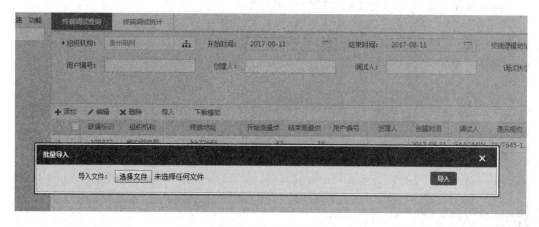

图 11-61　导入页面

下载模板：点击"下载模板"将导入模板下载到本地，如图 11-62 所示。

终端调试统计查询：输入查询条件，点击"查询"按钮，如图 11-63 所示。

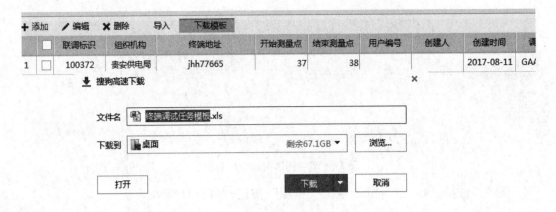

图 11-62　下载模板页面

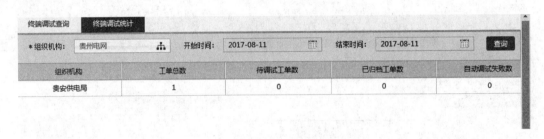

图 11-63　查询页面

（2）终端工况

进入菜单：运维管理→终端管理→终端工况。

功能简介：对终端的基础信息、在线率、流量情况、停电情况、终端告警进行展现。

操作步骤：

查询：输入查询条件，点击"查询"按钮，如图 11-64 所示。

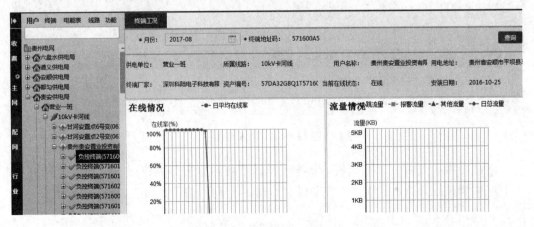

图 11-64　终端工况页面

（3）终端升级计划

进入菜单：运维管理→终端管理→终端升级计划。

功能简介：制定终端升级计划，可对计划进行审核、查询。

操作步骤：

查询：在左侧导航树选择要操作的节点，输入查询条件，点击"查询"按钮，在查询结果中点击"详情"超链接可查看详情，如图 11－65 所示。

图 11－65　终端升级计划页面

增加计划：点击"增加计划"按钮，输入升级计划信息，点"保存"按钮，如图 11－66 所示。

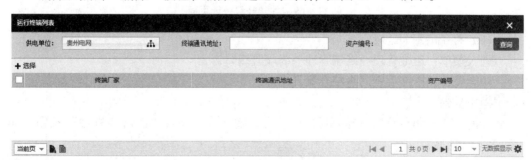

图 11－66　新增终端升级计划页面

新增：点击"新增"按钮选择运行终端，如图 11－67 所示。

删除：点击"删除"按钮，删除已选运行终端，如图 11－67 所示。

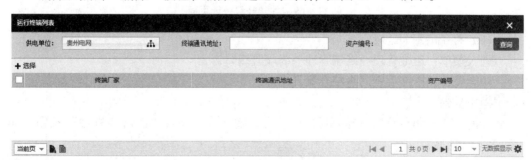

图 11－67　运行终端页面

（4）终端升级结果

进入菜单：运维管理→终端管理→终端升级结果。

功能简介：查询终端升级结果。

操作步骤：

查询：在左侧导航树选择要操作的节点，输入查询条件，点击"查询"按钮，如图 11－68 所示。

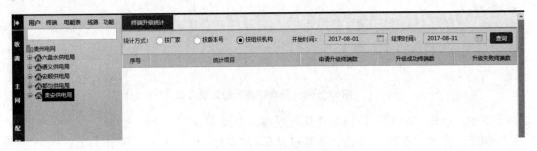

图 11－68　终端升级结果页面

（5）终端升级统计

进入菜单：运维管理→终端管理→终端升级统计。

功能简介：统计终端升级情况。

操作步骤：

查询：在左侧导航树选择要操作的节点，输入查询条件，点击"查询"按钮，如图 11－69 所示。

图 11－69　终端升级统计页面

（6）终端升级日志

进入菜单：运维管理→终端管理→终端升级日志。

功能简介：按终端查询终端升级日志。

操作步骤：

查询：在左侧导航树选择要操作的节点，输入查询条件，点击"查询"按钮，如图 11－70 所示。

图 11-70 终端升级日志页面

（7）档案汇总统计

进入菜单：采集管理→档案查询→档案汇总统计。

功能简介：实现档案分类统计汇总功能，并可以查询明细信息。

操作步骤：

档案统计信息查询：进入主网档案统计，自动展示档案统计信息，如图 11-71 所示。

地市名称	变电站					电厂						线路					主变	终端	电表
	500kV	220kV	110kV	35kV	10kV	火电	水电	小水电	风电	光伏	其他	馈线	联络线	备用线	旁路	其他			
贵州电网	6	45	216	317	24	7	91	322	5	0	0	3765	1603	805	13	2755	4	639	5893
六盘水供电局	1	11	44	53	0	0	0	0	0	0	0	574	434	258	0	473	1	36	850
遵义供电局	2	13	73	127	14	7	11	322	3	0	0	1780	469	0	13	1084	1	547	4637
安顺供电局	2	8	46	70	10	0	0	0	0	0	0	702	328	266	0	506	1	17	90
都匀供电局	1	11	42	62	0	0	80	0	2	0	0	587	351	281	0	444	1	1	2
贵安供电局	0	2	11	5	0	0	0	0	0	0	0	122	21	0	0	248	4	38	314

当前页 ▾ 🔖📄 　　　　　　　　　　　　 ◀◀ ◀ 1 共1页 ▶ ▶▶ 10 ▾ 1-6 共6条 ⚙

图 11-71 档案汇总统计主页面展示

档案明细记录查询：点击数字超链接，进入到档案明细记录页面，可设置查询条件进行查询，如图 11-72 所示。

变电站明细查询：在明细记录页面，通过编码等超链接，可进入到档案明细页面预览明细信息，如图 11-73 所示。

（8）变电站明细信息

进入菜单：采集管理→档案查询→群组配置。

功能简介：实现对每个群组的管理，并可以查看每个群组的详细信息。

操作步骤：

群组信息查询：通过左侧群组节点，进入页面，可以根据组织机构，用户类型，用户编号查询群组信息，如图 11-74 所示。

图 11 - 72　变电站信息展示

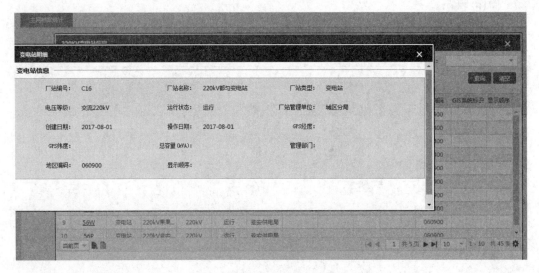

图 11 - 73　变电站明细页面

图 11 - 74　群组配置主页面

添加群组成员：点击"添加"明细，跳转到添加用户群组明细页面，在这里可以选择查询条件，勾选用户，为群组添加用户，如图 11 - 75 所示。

图 11 - 75　添加群组成员主页面

删除群组成员：点击"删除"，可以删除该群组的用户，如图 11 - 76 所示。

图 11 - 76　删除群组成员

导入用户群组：点击导入，可以对群组信息进行批量导入，如图 11 - 77 所示。

工单统计

进入菜单：运维管理→工单管理→工单统计。

功能简介：按时间、组织机构、工单类型统计工单处理情况。

操作步骤：

查询：输入查询条件，点击"查询"按钮，如图 11 - 78 所示。

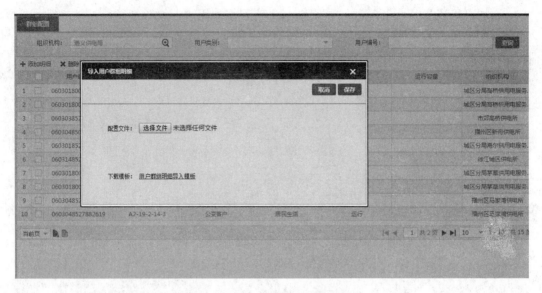

图 11 - 77　用户群组导入模板页面

图 11 - 78　工单统计页面

工单查询

进入菜单：运维管理→工单管理→工单查询。

功能简介：查询工单处理轨迹及详情。

操作步骤：

查询：输入查询条件，点击"查询"按钮，如图 11 - 79 所示。

图 11 - 79　工单查询页面

工单登记：点击"工单登记"按钮，填写工单信息，点击"保存"按钮，如图 11 - 80 所示。

图 11 - 80　工单登记页面

删除：选择草稿状态的工单，点击"删除"按钮，如图 11 - 81 所示。

图 11 - 81　删除数据页面

发送营销：选择要发送的已处理状态的工单，点击"发送工单"按钮，如图 11 - 82 所示。

图 11 - 82　确定要发送工单页面

归档：选择要发送的已处理状态的工单，点击"归档"按钮，如图 11－83 所示。

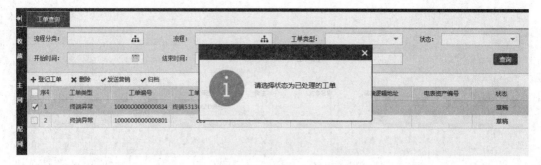

图 11－83　选择状态为已处理的工单

业务变更

电量追补

进入菜单：运维管理→业务变更→电量追补。

功能简介：从外部获取电量追补事件，查询事件记录，并进行电量计算分析。

操作步骤：

查询：在左侧导航树选择要操作的节点，输入查询条件，点击"查询"按钮，如图 11－84 所示。

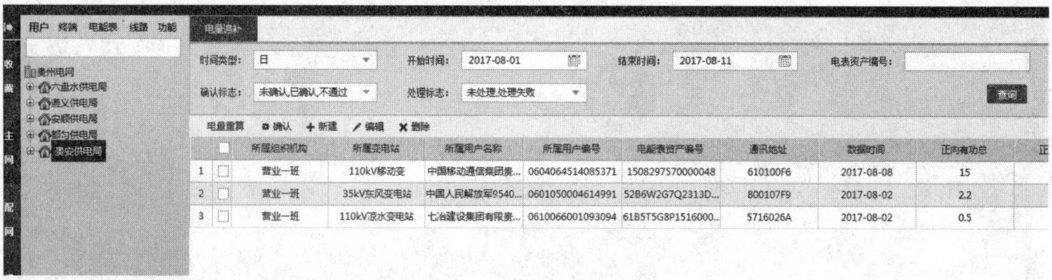

图 11－84　查询页面

新建：将资产编号输入到右侧窗口的电表资产编号的文本框内，点击"新建"按钮，编辑电量追补信息，点击"保存"按钮，如图 11－85 所示。

图 11－85　保存页面

编辑：选择要编辑的事件，点击"编辑"按钮，编辑完信息点击"保存"按钮，如图 11-86 所示。

图 11-86　编辑页面

删除：选择要删除的事件，点击"删除"按钮，如图 11-87 所示。

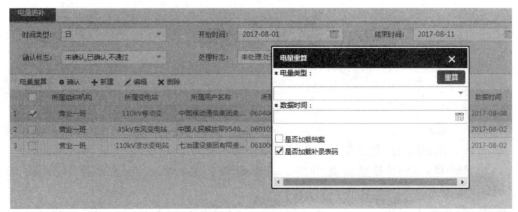

图 11-87　选择要删除页面

确认：选择要确认的事件，点"确认"按钮。

电量重算：选择要重算的事件，编辑重算信息，点"电量重算"按钮，如图 11-88 所示。

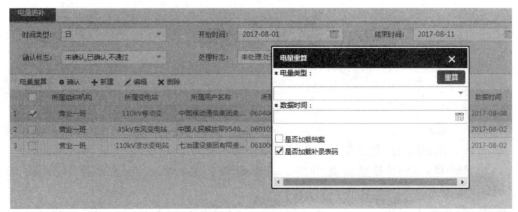

图 11-88　电量重算页面

满码归零

进入菜单：运维管理→业务变更→满码归零。

功能简介：自动形成满码归零疑似事件，由人工确认是否发生满码事件，进行电量计算分析。

操作步骤：

查询：在左侧导航树选择要操作的节点，输入查询条件，点击"查询"按钮。

确认：选择要确认的事件，点"确认"按钮。

电量重算：选择要重算的事件，编辑重算信息，点"电量重算"按钮，如图 11-89 所示。

图 11-89　满码归零页面

换互感器

进入菜单：运维管理→业务变更→换互感器。

功能简介：从外部获取换互感器事件，可查询事件记录，进行电量计算分析。

操作步骤：

查询：在左侧导航树选择要操作的节点，输入查询条件，点击"查询"按钮。

电量重算：选择要重算的事件，编辑重算信息，点"电量重算"按钮，如图 11-90 所示。

图 11-90　换互感器页面

更换终端

进入菜单：运维管理→业务变更→更换终端。

功能简介：从外部获取更换终端事件，可查询事件记录。

操作步骤：

查询：在左侧导航树选择要操作的节点，输入查询条件，点击"查询"按钮。

电量重算：选择要重算的事件，编辑重算信息，点"电量重算"按钮，如图 11-91 所示。

图 11 - 91　更换终端页面

电量替换

进入菜单：运维管理→业务变更→电量替换。

功能简介：从外部获取或手工录入电量替换事件，用于电量计算分析。

操作步骤：

查询：在左侧导航树选择要操作的节点，输入查询条件，点击"查询"按钮，如图 11 - 92 所示。

图 11 - 92　电量替换页面

新建：点击"新建"按钮，填写信息，点击"保存"按钮，如图 11 - 93 所示。

图 11 - 93　电量替换新增页面

编辑：选择要编辑的事件，点击"编辑"按钮，编辑完信息点击"保存"按钮，如图 11 - 94 所示。

图 11 - 94　电量替换编辑页面

删除：选择要删除的事件，点击"删除"按钮，如图 11 - 95 所示。

图 11 - 95　电量替换删除页面

电量重算：选择要重算的事件，编辑重算信息，点"电量重算"按钮，如图 11 - 96 所示。

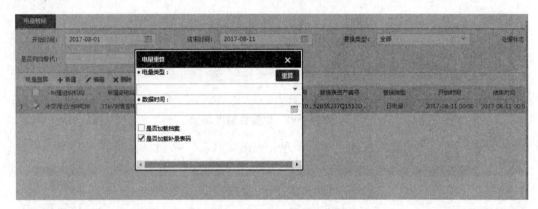

图 11 - 96　电量替换重算页面

换表处理

进入菜单：运维管理→业务变更→换表处理。

功能简介：获取换表处理事件，并支持查询与电量计算分析。

查询：在左侧导航树选择要操作的节点，输入查询条件，点击"查询"按钮。

电量重算：选择要重算的事件，编辑重算信息，点"电量重算"按钮，如图 11 - 97 所示。

图 11 - 97　换表处理页面

SIM 卡管理

SIM 卡资产管理

进入菜单：运维管理→SIM 卡管理→SIM 卡资产管理。

功能简介：实现 SIM 卡资产管理。

查询：输入查询条件，点击"查询"按钮，如图 11 - 98 所示。

领用：选择要领用的 SIM 卡，点击"领用"按钮，如图 11－99 所示。

图 11－98　SIM 卡资产管理查询页面

图 11－99　SIM 资产管理领用页面

解绑：选择要解绑的 SIM 卡，点击"解绑"按钮，如图 11－100 所示。

图 11－100　SIM 卡解绑页面

退回：选择要退回的 SIM 卡，点击"退回"按钮，如图 11－101 所示。

图 11－101　SIM 卡退回页面

报废：选择要报废的 SIM 卡，点击"报废"按钮，如图 11－102 所示。

图 11-102　SIM 卡报废页面

SIM 卡安装管理

SIM 卡安装统计

进入菜单：运维管理→SIM 卡管理→SIM 卡安装管理。

功能简介：实现 SIM 卡安装统计查询。

查询：在左侧导航树选择要操作的节点，输入查询条件，点击"查询"按钮，在查询结果中点击蓝色字体可查看 SIM 卡档案明细，如图 11-103 所示。

	组织机构	SIM卡总数	待领SIM卡数	待装SIM卡数	运行SIM卡数	报废SIM卡数
1	双水供电所	52	0	52	0	0
2	南开供电所	22	0	22	0	0
3	月照供电所	76	0	76	0	0
4	保华供电所	24	0	24	0	0
5	贵州电网	0	0	0	0	0
6	木果供电所	4	0	4	0	0
7	大湾供电所	59	0	59	0	0
8	缠龙供电所	39	0	39	0	0
9	比德供电所	1	0	1	0	0

图 11-103　SIM 卡安装统计页面

SIM 卡档案明细

进入菜单：运维管理→SIM 卡管理→SIM 卡安装管理。

功能简介：实现 SIM 卡档案明细查询。

查询：点击"SIM 卡档案明细"页签，在左侧导航树选择要操作的节点，输入查询条件，点击"查询"按钮，如图 11-104 所示。

	组织机构	电话号码	IP地址	SIM卡序列号	运营商	资产状态	终端逻辑地址	终端资产编号	批次
1	播州区乌江供电所	14535633645		-911	中国联通	运行			
2	播州区乌江供电所	15180810603		898600282359793333556	中国联通	运行			
3	播州区乌江供电所	14535631135	172.160.215.12	8986011488500104694	中国联通	运行			
4	播州区乌江供电所	14535633787		-911	中国联通	运行			
5	播州区乌江供电所	14525629394		-911	中国联通	运行			
6	播州区乌江供电所	14525627713		-911	中国联通	运行			
7	播州区乌江供电所	14535633581		-911	中国联通	运行			
8	播州区乌江供电所	14525627945		-911	中国联通	运行			

图 11-104　SIM 卡档案明细页面

SIM 卡异常分析

SIM 卡异常统计

进入菜单：运维管理→SIM 卡管理→SIM 卡异常分析。

功能简介：实现 SIM 卡异常分析统计。

查询：在左侧导航树选择要操作的节点，输入查询条件，点击"查询"按钮，在查询结果中点击蓝色字体可查看 SIM 卡异常明细，如图 11－105 所示。

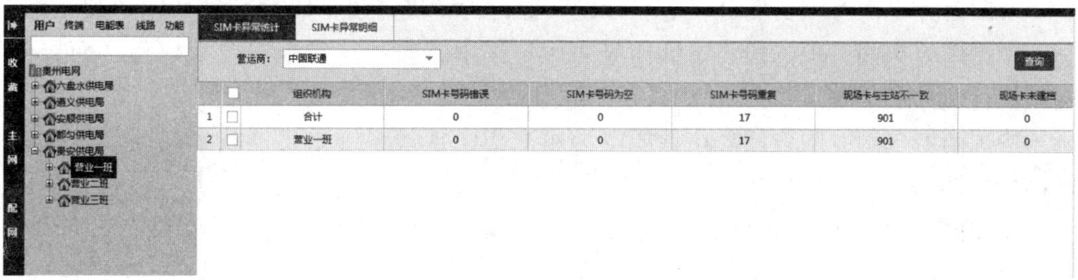

图 11－105　SIM 卡异常统计页面

SIM 卡异常明细

进入菜单：运维管理→SIM 卡管理→SIM 卡异常分析。

功能简介：实现 SIM 卡异常明细查询。

查询：点击"SIM 卡异常明细"页签，在左侧导航树选择要操作的节点，输入查询条件，点击"查询"按钮，如图 11－106 所示。

图 11－106　SIM 卡异常明细页面

第 4 节　低压集抄运维

一、业务说明

本工作指引规范贵州电网有限责任公司安顺供电局集中抄表终端（以下简称"低压集抄系统"）设备运行监控、故障排查、设备装拆等业务事项。

二、适用范围

本工作指引适用于贵州电网有限公司安顺供电局各地区县局低压集抄系统工作人员及相关专业管理人员。

三、规范性引用文件

中国南方电网有限责任公司电能计量装置运行管理办法（Q/CSG 214004—2013）

中国南方电网有限责任公司低压电力用户集中抄表系统集中器技术规范（南方电网市场〔2013〕3 号）

中国南网电网有限责任公司低压电力用户集中抄表系统采集器技术规范（南方电网市场〔2013〕8 号）

中国南方电网有限责任公司电能计量装置安装（拆换）业务指导书（Q/CSG 434008—2014）

中国南方电网有限责任公司电能计量装置故障处理业务指导书（Q/CSG 434007—2014）

四、术语和定义

1. 计量自动化系统

是指实现对电厂、变电站、公变、专变、低压用户等发电侧、供电侧、配电侧和售电侧电气数据采集、监测与分析功能的系统，包括计量自动化主站系统、通信通道、计量自动化终端。

2. 计量自动化主站系统（简称"主站"）

是指接入各类计量自动化终端的计算机系统，它是整个计量自动化系统的信息采集与控制中心，通过远程通信通道或与下级单位系统接口对计量自动化终端的信息进行采集和控制，并进行分析和综合处理。

3. 低压用户集中抄表系统

是指由主站通过远程通信信道（无线、有线、电力线载波等信道）将多个电能表电能量的记录值（窗口值）的信息集中抄读的系统。该系统主要由体化载波电能表和带 485 通信能力的采集终端、多功能配变总表、集中器、信道和主站等设备组成。集中器数据可通过信道远程传送到主站。

4. 集中抄表终端

集中抄表终端（简称"终端"）是指对低压用户用电信息进行采集的设备，包括集中器、采集器。

集中器是指收集各采集器或电能表的数据，并进行处理存储，同时能和主站或手持设备进行数据交换的设备。采集器是用于采集多个或单个电能表的电能信息，并可与集中器交换数据的设备。采集器依据功能可分为基本型采集器和简易型采集器。基本型采集器抄收和暂存电能表数据，并根据集中器的命令将储存的数据上传给集中器。简易型采集器直接转发集中器与电能表间的命令和数据。

5. 手持抄表终端

是指能够近距离直接与单台电能表、集中器、采集器及计算机设备进行数据交换的设备。

五、流程、步骤及说明

1. 低压集抄电能计量装置运维工作流程（见图 11－107）

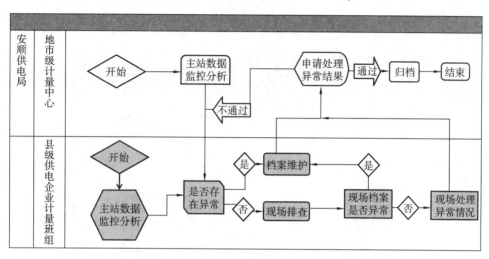

图 11－107　低压集抄运维工作流程

2. 低压集抄运维工作流程说明

（1）主站数据监控分析

低压集抄系统运行情况由计量中心电能量数据班进行集中监控，按照异常工单分级管控原则，计量中心电能量数据班对集中器环节的异常（集中器离线、集中器在线无表码）进行分析、区局低压计量运维班对集中器与电能表环节的异常（集中器上线缺数）进行分析。

a. 计量中心电能量数据班每天对全局范围内的低压集抄集中器在线抄表成功率进行监控，通过电能量数据监测发现电能量数据缺失情况。对低压集抄计量点电能量数据缺失的情况，启动电能量数据缺陷处理工作任务。对集中器异常（集中器离线、集中器上线线无表码），初步确定故障类型，发起计量自动化系统异常工单，向区县局低压计量运维班/营配综合班派单。

b. 区县局低压计量运维班/营配综合班，每天对辖区范围内集中器抄表成功率进行监控，对集中器上线缺数的原因进行分析，初步确定故障类型，发起计量自动化系统异常工单。

c. 监控异常处理时限：集中器离线 1 天完成维护，上线无表码（抄表成功率 0%）2 天完成维护，上线缺数（0%＜抄表成功率＜100％3 天）完成维护。

（2）档案维护（档案核查整改）

核对计量自动化系统及营销系统的低压用户及电能表档案信息，确认台区户变关系、计量与营销系统电能表档案一致性、计量系统主站与集中器电能表档案的一致性，处理人员接到单后核对档案，如果是主站档案问题则在计量自动化系处理，则直接将处理情况录入工单；需现场排查档案的，现场处理后再将处理情况录入工单。

（3）现场排查

区县局低压计量运维班/营配综合班人员根据故障点分析结果，对现场集中器、采集器、SIM 卡、485 通信线、电能表 5 个部分的设备进行初步排查、分析处理（参考附录《常见问题判断及处理》）。

（4）现场处置

现场处置工作流程如图 11－108 所示。

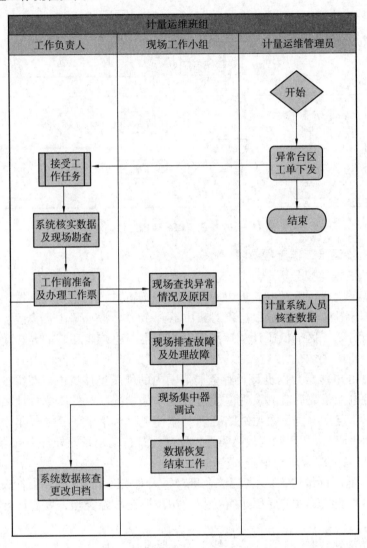

图 11－108 低压集抄运维现场处置流程

3. 低压集抄运维工作步骤（见表 11-1）

表 11-1　工作步骤

序号	工作步骤	责任人	作业内容（工作规范和工作质量要求）	危险点及控制措施	填写记录单
（1）接受工作					
①	接受工作任务	工作负责人	工作负责人根据班长的安排，接受工作任务		装拆工单
（2）现场勘查					
②	工作预约	工作人员	涉及停电提前告知客户	提前进行沟通，避免造成投诉事件	沟通记录
③	现场勘查	工作负责人	根据现场的实际情况，确认终端安装、更换时的安全措施；确定终端的安装位置；确定天线的摆放位置；确定所需要取的电源点；确定所需要携带的安全工器具、施工用具、设备材料等	1）查勘时必须核实设备运行状态，严禁工作人员未履行工作许可手续擅自开启电气设备柜门或操作电气设备。2）在带电设备上查勘时，不得开启电气设备柜门或操作电气设备，查勘过程中应始终与设备保持足够的安全距离。3）因勘查工作需要开启电气设备柜门或操作电气设备时，应执行工作票制度，将需要勘查设备范围停电、验电、挂地线设置安全围栏并悬挂标示牌后，经履行工作许可手续，方可进行开启电气设备柜门或操作电气设备等工作。4）当打开计量箱（柜）门进行检查或操作时，应采取有效措施对箱（柜）门进行固定，防范由于刮风或触碰造成柜门异常关闭而导致事故。5）进入带电现场工作，至少由两人进行，应严格执行工作监护制度。6）工作人员应正确使用合格的个人劳动防护用品。7）严禁在未采取任何监护措施和保护措施情况下现场作业	安全控制措施卡

续表

序号	工作步骤	责任人	作业内容 （工作规范和 工作质量要求）	危险点及控制措施	填写 记录单
（3）作业前准备					
④	确定施工人员	工作负责人	根据班长安排作业内容，选择精神状态、作业技能水平、安全技术资质符合要求的工作人员		
⑤	打印工作单	负责人	根据工作内容打印现场施工工作单		装拆工单
⑥	填写工作票	工作负责人	根据现场施工内容填写规范的工作票	安全措施不到位引起的人身伤害和设备损坏	工作票
⑦	签发工作票	工作签发人	工作票签发人签发	检查工作票所列安全措施是否正确完备，是否符合现场的实际条件。防止因安全措施不到位引起人身伤害和设备损坏	工作票
⑧	领取材料	工作班员	凭装拆工作单领取所需终端、封印及其他的材料，并核对材料是否满足工作要求，并带足备品备件		装拆工单
⑨	工器具准备	工作班员	根据工作内容准备好工具及仪表，并检查所带的工具是否合格	避免使用不合格的工器具引起人身伤害和设备损坏	

序号	人员类别	职责	作业人数
（4）低压集抄现场处理缺陷的工作所需人员类别、职责和所需工作人数			
⑩	工作负责人	1）正确安全的组织工作； 2）负责检查工作票所列安全措施是否正确完备、是否符合现场实际条件必要时予以补充； 3）工作前对班组成员进行危险点告知； 4）严格执行工作票所列安全措施； 5）督促、监护工作班成员遵守电力安全工作规程，正确使用劳动防护用品和执行现场安全措施； 6）工作班成员精神状态是否良好，变动是否合适； 7）交代作业任务及作业范围，掌控作业进度，完成作业任务； 8）监督工作过程，保障作业质量	1
⑪	监护人	1）明确被监护人员和监护范围； 2）作业前对被监护人员交代安全措施，告知危险点和安全注意事项； 3）监督被监护人遵守电力安全工作规程和现场安全措施，及时纠正不安全行为； 4）负责所监护范围的工作质量、安全； 5）工作完成后检查现场是否存在安全隐患	根据工作点确定人数，一般建议为1人
⑫	工作班人员	1）熟悉工作内容、作业流程，掌握安全措施，明确工作中的危险点，并履行确认手续； 2）严格遵守安全规章制度、技术规程和劳动纪律，对自己工作中的行为负责，互相关心工作安全，并监督电力安全工作规程的执行和现场安全措施的实施； 3）正确使用安全工器具和劳动防护用品； 4）完成工作负责人安排的作业任务并保障作业质量	根据作业内容及现场实际情况，一般2~3人

序号	防范类型	危险点	预防控制措施
（5）危险点分析及预防控制措施			
⑬	人身触电与伤害	误碰带点设备	1）在电气设备上作业时，应将未经验电的设备视为带电设备； 2）在高、低压设备上工作，应至少由两人进行，并完成保证安全的组织措施和技术措施； 3）工作人员应正确使用合格的安全绝缘工器具和个人劳动防护用品； 4）高、低压设备应根据工作票所列安全要求，落实安全措施。涉及停电作业的应实施停电、验电、挂接地线、悬挂标示牌后方可工作。工作负责人应会同工作票许可人确认停电范围、断开点、接地、标示牌正确无误。工作负责人在作业前应要求工作票许可人当面验电；必要时工作负责人还可使用自带验电器（笔）重复验电； 5）工作票许可人应指明作业现场周围的带电部位，工作负责人确认无倒送电的可能； 6）应在作业现场装设临时遮拦，将作业点与邻近带电间隔或带电部位隔离。作业中应保持与带电设备的安全距离； 7）严禁工作人员未履行工作许可手续擅自开启电气设备柜门或操作电气设备； 8）严禁在未采取任何监护措施和保护措施情况下现场作业
		电源误碰	1）工作负责人对工作班成员应进行安全教育，作业前对工作班成员进行危险点告知，明确带电设备位置，交代安全措施和技术措施，并履行确认手续； 2）相邻有带电间隔和带电部位，必须装设临时遮拦并设专人监护。在工作地点设置"在此工作"标示牌； 3）核对装拆工作单与现场信息是否一致
		停电作业发生倒送电	1）工作负责人应会同工作票许可人现场确认作业点已处于检修状态，并使用高压验电器却无电压； 2）确认作业点安全隔离措施，各方面电源、负载端必须有明显断开点； 3）确认作业点电源、负载端均已装设接地线，接地点可靠； 4）自备发电机只能作为试验电源或工作照明，严禁接入其他电气回路

序号	防范类型	危险点		预防控制措施
⑭	人身触电与伤害	电能表箱、终端箱、电动工具漏电		1）电动工具应检测合格，并在合格期内，金属外壳必须可靠接地，工作电源装有漏电保护器； 2）工作前应用验电笔对金属电能表箱、终端箱进行验电，并检查电能表箱、终端箱接地是否可靠； 3）如需在电能表、终端 RS485 口进行工作，工作前应先对电能表、终端 RS485 口进行验电
		使用临时电源不当		1）接取临时电源时安排专人监护； 2）检查接入电源的线缆有无破损，连接是否可靠； 3）移动电源盘必须有漏电保护器
		短路或接地		1）工作中使用的工具，其外裸的导电部位应采取绝缘措施； 2）加强监护，防止操作时相间或相对地短路
		电弧烧伤		工作人员应穿绝缘鞋和全棉长袖工作服，并佩戴手套、安全帽和护目镜
		雷击伤害		雷雨天气禁止在室外进行天线安装作业
		电流互感器二次开路		加强监护，严禁电流互感器二次侧开路
		电压互感器二次短路		加强监护，严禁电压互感器二次侧短路
⑮	机械伤害	戴手套使用转动电动工具		使用转动电动工具严禁戴手套
⑯	高空坠落	使用不合格的登高用安全工器具		按规定对各类登高用工器具进行定期试验和检查，确保使用合格的工器具
		绝缘梯使用不当、未按规定使用双控背带式的安全带		1）使用前检查梯子的外观，以及编号、检验合格标识，确认符合安全要求； 2）应派专人扶持，防止绝缘梯滑动； 3）高空作业上下传递物品，不得抛掷，必须使用工具夹或工具袋，防止物品跌落； 4）高空作业应按规定使用双控背带式安全带

序号	防范类型		危险点	预防控制措施
⑰	设备损坏	接线时候压接不牢固、接线错误导致损坏	加强监护、检查；工作结束后负责人核查线路接线情况	
		仪器仪表损坏	1）仪器仪表应经检测合格，使用时应注意量程设定和使用规范； 2）仪器仪表在运输、搬运过程中轻拿轻放，并采取防震、防潮、防尘措施； 3）仪器仪表在安装、使用前应对其完好性进行检查	
		设备材料运输、保管不善损坏或丢失	加强设备、材料管理	
		工器具损坏、遗失	正确使用工器具并规范管理，作业前后进行清点	

（6）故障排查及处理

序号	防范类型		危险点	预防控制措施
⑱	断开电源并验电	工作员	1）核对作业间隔； 2）使用验电笔（器）对计量柜（箱）、采集终端箱金属裸露部分进行验电，并检查柜（箱）接地是否可靠； 3）确认电源进、出线方向，断开进出线开关，且能观察到明显断开点； 4）使用验电笔（器）再次进行验电，确认一次进出线等部位均无电压后，装设接地线	
⑲	核对信息	工作员	现场核对集中器、采集器编号、型号、安装地址等信息，确保现场信息与工作单一致	装拆工作单
⑳	设备检查		1）检查电能计量装置（包括终端）外观、封印是否完好，发现窃电嫌疑时应保持现场，并通知相关部门处理，必要时对现场进行照相取证； 2）拆除封印登记回收	
㉑	采集器、集中器拆除		1）断开采集器、集中器供电电源，用万用表或验电笔测量无电后，拆除电源线； 2）拆除采集器、集中器与 RS485 数据线缆的连接； 3）拆除外置天线与终端的连接； 4）终端拆除	装拆工作单

序号	工作步骤	责任人	作业内容	填写记录
㉒	采集器、集中器安装		1）集中器、采集器应垂直安装，用螺钉三点牢靠固定在电能表箱或终端箱的底板上。金属类电能表箱、终端箱应可靠接地； 2）按接线图，正确接入集中器、采集器电源、RS485 通信线缆； 3）接入外置天线； 4）经工作负责人复查确认接线正确无误后，盖上电表、终端接线端钮盒盖； 5）通电检查集中器、采集器指示灯显示情况，观察终端是否正常工作； 6）检查无线类终端网络信号强度必要时对天线进行调整，确保远程通信良好	装拆工作单

（7）现场调试

序号	工作步骤	责任人	作业内容	填写记录
㉓	Ⅱ型集中器方式的安装（主站＋Ⅱ型集中器＋RS485电子式电能表）	工作员	1）用手持抄表终端，通过红外或 RS485 通信方式，抄收电能表实时表示数，以验证集中器与电能表连接正确对不能正确抄收的，检查 RS485 通信线缆，调整后直至通信正常，确保连接正确； 2）检查集中器通电后指示灯状态是否正确，指示灯包含电源、网络信号强度、GPRS 在线等；建立集中器、表号、户号对应关系表，并通过远程主站注册至集中器内； 3）观察集中器上行及下行通信指示灯，用手持抄表终端检查集中器下行抄表数据是否正确、完整，联系远程主站核对集中器上行抄表数据，直至全部正确； 4）统计集中器在线情况，对不在线集中器进行现场检查调试； 5）统计抄表成功率情况，对采集失败的电能表进行现场检查调试； 6）主站应对该台区下所有用户的用电信息逐户进行采集，核对采集信息与现场信息是否一致，确保采集信息无误； 7）调试结果应达到《电力用户用电信息采集系统建设验收管理规范》的指标要求	装拆工作单

序号	工作步骤	责任人	作业内容	填写记录
㉔	全载波 （微功率） 方式安装 （主站＋集中器 ＋载波电能表）	工作员	1）新装和更换后的终端应进行调试； 2）按主站系统的要求注册集中器； 3）集中器配置到对应的台区； 4）集中器号、SIM 卡号一一对应记录登记； 5）建立集中器下所有载波电能表号、表型号及户号对应关系表； 6）将对应关系表在主站注册至集中器内； 7）统计集中器在线情况，对不在线集中器进行现场检查调试； 8）统计载波电能表抄表成功率情况，对采集失败的载波电能表进行现场检查调试； 9）主站应对该台区下所有用户的用电信息逐户进行采集，核对采集信息与现场信息是否一致，确保采集信息无误； 10）调试结果应达到《电力用户用电信息采集系统建设验收管理规范》的指标要求	
㉕	半载波 （微功率） 方式安装 （主站＋集中器＋采集器＋RS485 电能表）	工作员	1）新装和更换后的集中抄表终端应进行调试； 2）用手持抄表终端，通过红外通信方式，抄收电能表实时表示数，以验证采集器与电能表连接正确； 3）对不能正确抄收的，检查 RS485 通信线缆，调整后直至通信正常，确保连接正确； 4）建立采集器、表号、表型号、户号对应关系表，并注册至采集器内； 5）按主站系统的要求注册集中器； 6）把集中器配置到对应的台区； 7）集中器号、SIM 卡号一一对应记录登记； 8）建立集中器下所有采集器、电能表表号、表型号及户号对应关系表； 9）将对应关系表在主站注册至集中器内； 10）统计集中器在线情况，对不在线集中器进行现场检查调试； 11）统计抄表成功率情况，对采集失败的电能表进行现场检查调试； 12）主站应对该台区下所有用户的用电信息逐户进行采集，核对采集信息与现场信息是否一致，确保采集信息无误； 13）调试结果应达到《电力用户用电信息采集系统建设验收管理规范》的指标要求	

序号	工作步骤	责任人	作业内容	填写记录
㉖	装置加封	工作员	1）对电能表接线端盒盖、电能表箱、终端箱实施封印，并做好记录； 2）封印应压实，印模清晰，封丝无松动； 3）拆除的封印应予回收	
㉗	资料归档	工作员	1）系统发起相关流程，按工作内容，在用电信息采集系统中发起相应的终端新装、终端更换、终端拆除等作用流程并归档； 2）工作结束后，工作单等资料由专人妥善存放，及时归档放入资料柜	

六、安全服务管理

（1）对运行中的低压集抄设备进行维护、检修工作时，必须严格遵守《电业安全工作规程》和现场安全生产管理规定，做好防护措施，防止引起各类安全事故，对于工作过程中发现的违章行为，应马上制止。

（2）现场工作要求至少两人一组，运维人员现场进行安装（更换、排查）时，需办理工作许可手续，填写《低压集抄现场安全措施实施表》《低压集抄装置安装（更换排查）安全技术交底单》。若需进入电房进行集中器安装（更换、排查）时，必须按照安全管理规定办理相关工作票，并填写《低压集抄装置安装（更换、排查）安全技术交底单》。

（3）现场运维人员在运维过程中，应做好受影响社区及居民说明解释工作，提醒出入施工区域内的居民注意安全，若需停电维护时，应按停限电管理规定程序，提前告知。

第 **12** 章

电能计量封印管理办法

1 总则

1.1 为加强和规范安顺供电局计量封印的管理，减少或杜绝偷漏电等违法行为的发生，维护电力商品供应与使用的正常秩序，确保供用电双方的合法权益和国家财产的安全，特制定本办法。

1.2 计量封印管理办法用于交易结算和进行内部考核管理的电能计量装置（包括各种类型的电能表、电压互感器、电流互感器、二次接线、联合接线盒、端钮盖、端子排、线路开口和计量专用箱/柜等计量设备）的计量封印发放、使用、报废的管理。

1.3 本办法适用于安顺供电局和县级供电局的计量封印管理。

2 规范性引用文件

中华人民共和国计量法

中华人民共和国计量法实施细则

供电营业规则

DL/T 448—2016 电能计量装置技术管理规程

Q/CSG 214001—2013 中国南方电网有限责任公司电能计量管理规定

Q/CSG 214005—2013 中国南方电网有限责任公司电能计量设备管理办法

Q/CSG 214004—2013 中国南方电网有限责任公司电能计量装置运行管理办法

Q/CSG 113007—2012 中国南方电网公司电能计量装置典型设计

3 术语和定义

3.1 计量封印

施加在电能计量装置上，确保其完整性和可靠正常工作的电能计量设备，具有一次性使用、多种防伪等特征。计量封印按使用用途分为计量检定封印、安装封印和用电检查封印三种。

4 管理部门

4.1 市场营销部

4.1.1 市场营销部是本单位计量封印的归口管理部门。

4.1.2 负责制定本单位计量封印管理的有关办法。

4.1.3　负责对本单位计量封印选型、采购、使用、报废的全过程实施监督管理。

4.1.4　负责推广计量封印新技术和信息化管理。

4.2　计量中心

4.2.1　负责制定本单位计量封印的编码原则。

4.2.2　每年负责做好本单位计量封印的使用及购置计划统计。

4.2.3　负责对本单位计量封印到货、验收、入库的管理。

4.2.4　负责检查和监督本单位内部及下属单位计量封印的使用和管理情况。

4.2.5　负责本单位计量封印的发放、回收、报废等的管理。

4.2.6　负责做好本部门使用的计量检定封印、安装封印的登记。

4.2.7　负责在营销信息管理系统中做好本单位计量封印发放、使用、退回、报废等的管理。

4.2.8　负责对县供电局自行采购的计量封印在营销管理信息系统中进行入库、发放管理。

4.2.9　负责在每年年底前将本年度安顺供电局的计量封印使用情况汇总，同时上报市场营销部。

4.3　城市供电分局

4.3.1　每年年底负责上报所在分局计量封印的需求计划。

4.3.2　负责做好用电检查封印、安装封印的使用登记。

4.3.3　负责在营销系统中做好计量封印领取、使用、退回、报废等流程。

4.3.4　负责在每年年底前将本年度的计量封印使用情况上报计量中心。

4.4　县供电局市场营销部

4.4.1　每年年底负责制定本单位计量封印的需求计划。

4.4.2　负责做好用电检查封印、安装封印的使用登记。

4.4.3　负责检查和监督本单位内部及下属单位计量封印的使用和管理情况。

4.4.4　负责在营销信息管理系统中做好计量封印领取、使用、退回、报废等流程。

4.4.5　负责在每年年底前将本年度的计量封印使用情况上报计量中心。

5　管理内容与要求

5.1　计量封印型式、编码方法

5.1.1　目前使用的计量封印主要有两种，一种是一次性封印，另一种是卡扣式铅封。建议全部采用一次性封印。

5.1.2　计量封印按使用工种分为计量检定封印、安装封印和用电检查封印三种。

5.1.3　计量封印实行颜色识别管理。计量检定封印的主颜色为绿色，装表封印的主颜色为红色，用电检查封印的主颜色为黄色。

5.1.4　计量封印要有防伪识别编号及二维码，且方便人工识别或机器识别。

5.1.5　计量封印的编码按照南网 24 位编码原则进行编制。

5.1.6　计量封印编码必须保证唯一性，不能重号。

5.2　计量封印的使用

5.2.1　计量检定封印只能在各局计量检定实验室内使用，在经检定合格的计量器具本体的外壳上加封检定封印。计量检定封印只能由有资质的计量检定人员持有并负责操作，除计量检定人员执行现场检定外，严禁将计量检定封印带出检定实验室外使用。

5.2.2　安装封印应加封在电能表、配变监测终端（TTU）、负荷控制终端、低压集抄集中器的表尾盖，计量器具接线端子盒、电能表箱、计量箱（柜）门，包括其他容易被窃电的非计量器具（如引接线开口）的位置上。

5.2.3　安装封印应落实到到设备层面，实现封印与设备一一对应，在同一用户下安装多颗封印时，不准出现现场设备安装封印与系统不符的情况。

5.2.4　安装封印应由装表员持有并负责操作，如需交由外委施工人员操作时，应严格做好登记管理。在安装完成时必须立即加装封印，不准等到投运、调试后再行加装。在系统中领用封印应与现场安装封印一致，不准在系统中领用虚拟封印。

5.2.5　用电检查封印加封的位置与装表封印相同，用电检查封印只能由各级用电检查人员持有并负责操作。

5.2.6　现场检定人员执行计量器具现场校验，需打开装表封印时，工作完成后应加封计量检定封印，工作结束必须将拆除的装表封印统一保管和做好记录，并在营销管理信息系统中更新封印信息，定期将拆除的装表封印如数交回给封印管理员。

5.2.7　装表人员执行计量器具周期（故障）轮换任务，需打开装表封印时，工作完成后应加封装表封印，工作结束必须将拆除的装表封印统一保管和做好记录，并在营销管理信息系统中更新封印信息，定期将拆除的装表封印如数交回给封印管理员。

5.2.8　用电检查员、抄表员在执行现场查电任务、或抄表时，若必须打开装表封印，工作完成后可加封用电检查封印，工作结束后必须将拆除的装表封印统一保管和做好记录，并在营销管理信息系统中更新封印信息，定期将拆除的装表封印如数交回给封印管理员。

5.2.9　外委运维人员在执行现场运维时，若必须打开装表封印，工作完成后应加封安装封印，工作结束必须将拆除的装表封印统一保管和做好记录，并交由供电局封印管理人员，在营销管理信息系统中更新封印信息，定期将拆除的装表封印如数交回给封印管理员。

5.2.10　外委施工人员在执行现场施工时，若必须打开装表封印，工作完成后应加封安装封印，工作结束必须将拆除的装表封印统一保管和做好记录，并交由供电局封印管理人员，在营销管理信息系统中更新封印信息，定期将拆除的装表封印如数交回给封印管理员。若为新装封印，必须在安装完成时立即加装封印，不准批量施工完成集中加装封印。

5.3　计量封印的日常管理

5.3.1　计量封印的保管、入库、发放、回收、报废由计量中心及各分县局计量物资管理人员专门负责。

5.3.2　各使用部门应设专人对封印进行管理，实行统一领用、统一回收、统一报废。针对外委运维、外委施工人员的封印管理，由封印发放人员统一管控。

5.3.3　计量封印的使用实行责任追溯制，按照"谁领用，谁负责"的原则，领用人对所领封印的保管、使用、回收全面负责，并在营销管理信息系统中走相对应流程，实现信息闭环管理。

5.3.4 为了加强封印的保密性，旧封印拆除后必须如数回收，不得任意丢弃。每年年底将拆除封印移交物资管理部门统一销毁。

5.3.5 为方便封印集中批量管理，封印应以分县局为单位，按连续编号原则发放，由封印管理员和持有人共同清点核对无误后签发，同时应在营销信息管理系统中走封印领用流程，使用人员加封后，应在系统中走使用流程，有报废封印在营销信息管理系统中应走报废流程。

5.3.6 使用人员应严格遵守计量封印管理办法，计量器具必须用力到位，保证封印清楚，不得漏封和错封，封印不得擅自转借他人使用。

5.4 加封、启封管理

5.4.1 对于三相用电客户，要求装表封印和用检封印持有人员进行加封操作后，要在工作单上记录所加封印的位置、编号、加封时间，并请客户确认相关封印完好后，由加封人和客户共同签证，并在系统中做好记录。

5.4.2 确实由于客户原因不能签证的，必须注明客户原因并由加封人会同另一名本单位员工对5.4.1点内容进行核实签证，同时对现场封印情况进行拍照存档；

5.4.3 严禁非计量检定人员开启电能表外壳上的计量检定封印。

6 封印管理规则

6.1 中国南方电网有限责任公司计量资产编码规则

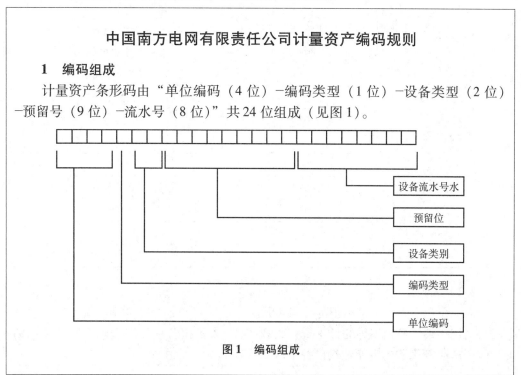

中国南方电网有限责任公司计量资产编码规则

1 编码组成

计量资产条形码由"单位编码（4位）－编码类型（1位）－设备类型（2位）－预留号（9位）－流水号（8位）"共24位组成（见图1）。

设备流水号水

预留位

设备类别

编码类型

单位编码

图1 编码组成

2 各组成部分代码

2.1 单位编码

单位编码为固定码，采用4位数字编码，第1、第2位为省级电网公司代码，第3、第4位用于各省级电网公司下辖地市级单位代码（见表12－1）。

表 12－1 单位编码

数字位	代码	说明
第1、第2位	00	保留编码
	01	超高压公司
	02	调峰调频公司
	03	广东电网公司
	04	广西电网公司
	05	云南电网公司
	06	贵州电网公司
	07	海南电网公司
	08	广州供电局
	09	深圳供电局
	15	南方电网科研院
第3、第4位	00	贵州电网公司本部
	01	贵阳供电局
	02	六盘水供电局
	03	遵义供电局
	04	安顺供电局
	05	铜仁供电局
	06	兴义供电局
	07	毕节供电局
	08	凯里供电局
	09	都匀供电局
	10	贵安供电局
	66	贵州电网计量中心

2.2 编码类别代码

以一位数字表示，以标识为计量类物资，以"1"或"9"表示，取"1"表示按公司统一编码规则编码的计量资产，取"9"表示按各单位旧编码规则统编码的计量资产（新采购的电能计量设备全部取"1"）。

2.3　设备类别代码

由两位字母组成，第一位表示主设备类别，第二位为设备明细类别，具体代码见表 12 - 2。

表 12 - 2　设备类别代码

设备名称	主类别	第一位代码	明细类别	第二位代码
单相感应式电能表	单相电能表	D	感应式	G
单相电子式电能表			电子式	D
单相载波电子式电能表			载波表	Z
单相复费率电能表			复费率	F
单相预付费电能表			预付费	Y
三相感应式有功电能表	三相电能表	S	感应式有功	Y
三相感应式无功电能表			感应式无功	W
三相普通电子式电能表			普通电子式	D
三相多功能电能表			多功能	G
三相载波电能表			载波表	Z
三相预付费电能表			预付费	F
负控终端	终端类设备	Z	负控终端	F
配变终端			配变终端	P
集中器			集中器	J
采集器			采集器	C
厂站采集终端			厂站采集终端	B
售电管理装置			售电管理装置	S
低压电流互感器	互感器	H	低压电流	D
高压电流互感器			高压电流	G
电压互感器			电压	Y
组合式计量互感器			组合式计量互感器	Z
单相电能表标准装置	标准装置	B	单相电能表	D
三相电能表标准装置			三相电能表	S
互感器标准装置			互感器	H
终端检测装置			终端检测	Z
电能表走字耐压试验装置			电能表走字耐压试验	N

续表

设备名称	主类别	第一位代码	明细类别	第二位代码
单相标准电能表	标准器具	Q	单相电能表	D
三相标准电能表			三相电能表	S
标准电压互感器			电压互感器	Y
标准电流互感器			电流互感器	L
互感器校验仪			互感器校验仪	J
电压负载箱			电压负载箱	F
电流负载箱			电流负载箱	Z
电能表现场校验仪	现场校验仪	Y	电能表	B
互感器现场校验仪			互感器	H
二次导线压降现场测试仪			互感器	Y
二次实际负载现场测试仪			互感器	F
RFID 防伪计量封印	封印	F	RFID	R
二维码防伪计量封印			二维码	E
10kV 高压计量表箱（不锈钢）	电表箱	X	10kV 高压计量表箱（不锈钢）	G
10kV 低压计量表箱（不锈钢）			10kV 低压计量表箱（不锈钢）	D
单相计量表箱（PC）			单相计量表箱（PC）	P
单相计量表箱（SMC）			单相计量表箱（SMC）	S
单相计量表箱（金属）			单相计量表箱（金属）	J
三相计量表箱（PC）			三相计量表箱（PC）	C
三相计量表箱（SMC）			三相计量表箱（SMC）	M
三相计量表箱（金属）			三相计量表箱（金属）	N

注：如有新增设备类别则参照以上编码规则，由公司统一安排新增。

2.4 预留码

预留码为 000000000 的 9 位数字，前 7 位一般不使用。预留码的第 8、9 位为设备年份代码，取年份的后两位，例如，2012 年即为"12"。

2.5 设备流水号

设备流水号为从 00000001 开始的 8 位数字，不得使用字母。

3 射频码

3.1 射频码编码规则按上述方法编码。

3.2 射频码的安装位置及加贴方法在推广使用时确定。

4　二维码

4.1　二维码编码规则按上述方法编码。

4.2　二维码的安装位置及加贴方法在推广使用时确定。

注：封印建议使用二维码。

5　条形码设计（一维码）

5.1　条形码模板排版见图 12－2。

图 12－2　条形码模板

5.2　条形码制作标准为国家强制性标准 GB 12904—2008《商品条码　零售商品编码与条码表示》中的 128 码标准，对于条形码的精度和光学特性等有具体的技术要求参照此标准制作。

5.3　标签上的汉字、条形码和数字全部用自动喷码或激光蚀刻在铭牌上，编码应满足字体大、对比强及满足使用 10 年以上不褪色的要求，不允许采用不干胶粘贴。

5.4　标签形状为长方形，根据版面尺寸自行设计大小，最小不小于 32mm×14mm。

5.5　条形码要求线条颜色与标签底色对比度大，视觉效果清晰，线宽与线间距比例恰当，激光扫描枪距离 5cm～10cm 水平夹角 45°～135°间要求容易识别。